活成自己想要的样子

白兰花Michelia 著

天地出版社 | TIANDI PRESS

目　录

CONTENTS

Part 1 过去现在，一并深爱

Part 2 女人，要活得坚定且从容

Part 3 既要情商，也要智商

Part 4 不是所有人都配得上你的孤独

Part 5 谁不是一边流泪一边坚强

Part 6 与自己想要的样子温暖相拥

Part 7 你的弯路，都是你的礼物

Part 8 愿有一人，能懂你的好

Part 1

过去现在，一并深爱

那些美好的感觉还是藏在记忆里，

如果忘不了，

不妨把它当作滋养我们余生的养分。

就过波澜不惊的生活

* * * * * *

01 一个叫凡桃的女人

她说她心里住着两个男人，我很快就被这句话惊住了。

她又说她曾死于30岁，我霎时陷入了沉思。

前一句让我想起张爱玲在小说《红玫瑰与白玫瑰》里的一段话：每一个男子全都有过这样的两个女人，至少两个。娶了红玫瑰，久而久之，红的变成了墙上的一抹蚊子血，白的还是“床前明月光”；娶了白玫瑰，白的便是衣服上沾的一粒饭粘子，红的却是心口上一颗朱砂痣。后一句则让我对30岁有了异样的思考：生与死是什么样的一个概念？

几年前我在一家传媒公司任职，曾采访过一个叫凡桃的女人。她标新立异的观点让我至今难忘。比如说上面的前一句，在她眼里何止是男人喜欢红玫瑰和白玫瑰，女人也是一样的啊！可她分明又说自己死于 30 岁，谁知道她曾遭遇了什么样的经历，什么样的故事？

凡桃不是平凡的“桃”，她的人生不是一张白纸。

凡桃也是平凡的“桃”，她在死于 30 岁后，又仿佛彻悟地活过来了，继续过着平淡的、柴米油盐的生活。

或许这才是真实的人生。纷纷攘攘后，再波澜不惊。

凡桃的故事可以分为两段：一段是关于两个男人的，大男人小李，小男人大李；另一段是心力交瘁后，不再矫情。其实，我倒以为这两段可以合为一段。毕竟，纯真、归一的人生方为大道。

凡桃说她 23 岁的时候碰到小李，这个男人挺大男人的。按理说，大男人的男人可能不好相处，但偏偏在凡桃这里有了例外。小李是某医院的外科手术医生，凡桃进入这家医院实习的时候，正好被院领导安排到他身边做搭档。

凡桃让人比较钦佩的一点是，她的业务水平很高。小李是大男人，除了工作的时候。我问凡桃，你是怎样看上小李的？她说就是觉得小李在手术台前做手术时的动作潇洒，手起刀落间病人的病就祛除了。再看他口罩上那双黑白分明的眼睛，哪像生活中的大男人啊！分明对人事的处理游刃有余。

“我觉得他真的很神奇，所以……所以对他有了好感。”凡桃说这话的时候，眼神中流露出的是一份我叫不出名字的回忆。总之，她陶醉了。

02 阴差阳错

可这世间的情感很多时候就是阴差阳错，或者说折磨死人。当凡桃将注意力放在小李身上的时候，却被姐妹告知小李已经结婚三年了。妻子是一家花店的老板，属于性格泼辣又偶尔带着温柔的女人。

凡桃知道这些内幕后，心里很不是滋味。一种怅然的感觉不自觉地涌上心头。那会儿她如李清照一般地思绪，小李这样优秀的男人应该配上小家碧玉吧，而自己可以做到的呀！

一年的实习期不算长。可对凡桃来说，她既要怅然若失、千回百转，还要左左右右、心跳脸红……也够为难她的了。

凡桃觉得自己是正经的女人，她不想成为人们斥骂的那种女人。由此，她做了一个决定，实习期一满，就去另外一家医院，用距离隔断情思。

小李应该是知道凡桃喜欢他的。但每每这当口，小李就成为活生生、直愣愣的大男人了。更可气的是，他还给凡桃介绍了一个男朋友——大李。凡桃一赌气，就跟大李在一起了。

交往一段时间后，凡桃忽然发现大李也很不错。大李是细腻版加才华版的小李。这多有意思啊！大李是湖南人，凡桃也是湖南人，属于同乡。和小李相比，大李很多时候像个小孩子，一张圆圆的脸，大眼睛，看人的时候带一种清澈的天真和烂漫。在俗世的大千世界里，这算得上是一股清流了。更重要的是，凡桃也喜欢上了大李，她一个

人坐在沙发上，或者站在纱窗前会想：如果大李不追她，自己也许会像喜欢小李那样喜欢大李一辈子吧！可是，这个看起来像小孩子的大李却一股脑儿地追她了，还做了许多细腻的、感动的事。

说到底，女人是渴望被男人呵护的。大李在追求凡桃这件事上可谓细心。最让凡桃感动的是大李替她在职场酒席上喝酒一事，本来喝酒就上脸,但这事儿更上脸,回去是一阵接一阵地“哇哇”大吐。当时，凡桃望着眼前这个男人，脑海里忽然浮现出一行字，那是外婆对她说的一句话：找男人就得找对你好的，你再喜欢的都没有用，因为日子终归会使跌宕的情感趋于平淡。

03　放弃小李，选择大李

那天晚上，凡桃做了一个痛苦的决定：放弃小李，选择大李。

婚宴那天，小李也来了，送了一份厚礼。她接过礼物的一刹那，小李温柔地看着她。她心里明白，小李不是不喜欢她，而是有些事跨越不了。在和大李恋爱的三年里，她曾很多次凝望，甚至想冲到小李办公室告诉他：我——要——和——你——在一起！可是，每每有这样冲动的时候，小李要么选择装作不知，要么因急病人而奔赴手术台去了。

现在，凡桃和大李结婚了，结婚证也领了。她一个人走在街道上有一种影视里女主角失落行走时想哭的感觉。

“这的确是够复杂的。”我说，“那后面的故事呢？”写到这里的时候，我忽然发现这可能是我采访过的最让人心塞的故事了。说不出为什么，或许印证了那一句话：我们都是怪异的情感动物，人啊，就是喜欢折腾！

在后来的几年里，凡桃已到了30岁的年龄。凡桃和小李有时像熟悉的陌生人，有时又像姐妹兄弟般来往着。由于小李的那位性格泼辣，特别是生了小孩之后，两人隔三岔五地会吵上一架，小李大男人式的应对方式明显是吃力的，男人没有女人的照顾，一般都活得比较惨，生活起居，无人照顾，饱一顿、饿一顿……常有的事。

于是，有意思的一幕幕就出现了。凡桃这样的女人应该能将小李照顾得不错吧。可是，她总出岔子，就像是不熟悉的陌生人。她帮他置办的皮带、衣服、皮鞋、领带……都不合身，反而给大李置办的一切非常合身。而大李呢，也报之以桃，对她更加挚爱。

这多好的事啊！

这多幸福的一对啊！

04　心里住着两个男人

什么叫合适的一对？就是彼此眼里、心里都住着对方。不用多说话，或者一说话就让人有温存的感觉：你知道这辈子跟定了对方，就可以白头偕老。

可是，凡桃不满足啊！她总觉得自己的人生太残缺！她总说自己心里住着两个男人。而我要说，凡桃，你就是“太作”了，“作”到自己都开始怀疑人生，怀疑自己死在了30岁这个年龄坎上。

凡桃说她害怕人老珠黄，这样会降低自己在小李眼中的形象。特别是有了孩子以后，凡桃觉得自己每天都忙碌于“琐事”，人生的光华就这么消逝了。有一天，她看着镜中的自己：额头平添了一丝皱纹，再仔细端详皮肤，不那么光滑了……“唉！这辈子就这么无望了吗？要是小李、大李能合成一人该有多好啊！”

“你就那么害怕 30 岁？”我坐在米可咖啡厅里，凡桃的对面。

“不怕你笑话，那会儿我觉得自己就像死了似的，我凡桃怎么也算貌美如花、才华横溢吧！你说，我怎么……就……”

我不知道该对她说些什么才好。但我想：对凡桃而言，在她心里住着的两个男人铁定不会合成一人，小李是玫瑰，大李也是玫瑰，不同的是它们颜色不一样，当一切都褪色后，可能只剩下心死了。

是的，生活会让很多激情褪色，也会让我们因不甘而去“作”。这一来一去，反反复复，从美好到心跳，从心跳到奢望，再从痛苦到抉择，伴随着时光流逝，流逝到我们尴尬的年龄，心死的感觉其实就是被生活抹平心中棱角时的反应。

“人都会自救的吗？”我开始思考这样一个问题。如果凡桃的生活从此平静，相夫教子，柴米油盐……两个家庭相安无事，这不也挺好的吗？她这是做到自救了。可我也分明见过像他们这样的家庭，最后四分五裂，由爱人变为仇人，由情人变为陌生人，由……

05 如果时光倒流

凡桃的故事让我纠结了好长一段时间！临行的时候，我问了她一个不太现实的问题：如果时光倒流，你会选择小李吗？

她怔了一下，然后微微一笑：“我可能会选离我最近的那朵玫瑰吧！

毕竟，我可不想再死一回。”

我微微点头。

坐在回公司的车上，我心潮起伏。在我的头脑里，关于凡桃的故事或许早已完成。只是，到今天我才有勇气把它写出来，并把它取名为《就过波澜不惊的生活》。

我始终相信，那些美好的感觉还是藏在记忆里，如果忘不了，不妨把它当作滋养我们余生的养分。但生活依然得好好继续，有一天真的心死了，至少可以回想起“我还记得你曾经为我钟情过”，然后，收拾心情，过好我们的下半生，这就足够了。

就过波澜不惊的生活，但愿我们在波澜壮阔的时候能做到波澜不惊。

和我相处，请带上你的真诚

* * * * * *

01　李师傅的理发店

街尾拐角的小巷子里，有一家理发店，三十年如一日。店里唯一一面大镜子擦得锃亮，几把老式的皮椅陈旧到能瞧见内芯的海绵，给客人洗头用的还是那个老式的不锈钢盆。这样的摆设跟那些装修时尚的美发店比起来，实在是寒酸得不像样子。

奇怪的是，如此简陋的理发店却门庭若市，坐满了客人，尤其老人和孩子。

理发的李师傅拿着剪刀利落地给客人剪掉杂碎的头发，没一会儿工夫就用上了剃发器细细地修了起来。一旁的大爷非常自觉，自己就打上泡泡开始刮胡须。后排坐着等的大爷们都不着急，一边从大镜子里看着李师傅忙碌，一边聊着天，没人起身催促，好像他们不是来理发的一样。

美发店的服务生着急多洗几个头，发型师着急多接几个做造型的，业绩多了，钱才能进袋。李师傅的理发店总是慢慢的，这也算是一件稀罕事儿了。

客人理完发，一边从钱包里掏钱，一边问李师傅："涨了没？"

"没，还是5块！"李师傅答得轻巧。

客人一听，反而急了："新开的店，优惠理发都20了，你这里咋还只收5块？该涨了！"

"可不是嘛，5块钱，现在这物价只够买把青菜了。"后排的大爷也附和道。

"我看老李你也别犟，涨个5块钱我们也还来的，这都多少年了！"刮完胡须的客人边冲水边说。

见过人想省钱的，还没见过愿意多花钱去理发的。这话在李师傅的店里时常听到，客人们都不客套地提议李师傅涨价。

02　一开就是30年

李师傅招呼一娃娃坐在椅子上，变戏法似的从兜里掏出颗糖。娃娃盯着糖眼都看直了，李师傅笑笑地约定——只要娃娃乖乖莫乱动，一会儿糖就归娃娃。这招效果奇佳，娃娃配合十分默契。

李师傅一边忙碌，一边乐呵呵地说："不涨了，不涨了，我店这么小，不咋折腾装修，又不用啥房租，赚点就够了，图个人气，指不定哪天就不想开了，涨什么涨。"说完，又呵呵地笑了起来。

在场的客人也都笑了，就打趣说："老李，你这不开店的想法可是让人捉摸不透啊，咋没见你真关门啊，风里雨里的，你舍得不替人剪头？我看你手痒，忍不了的。"

李师傅开了三十多年的理发店，位置从街头搬到了街尾，头几年生意惨淡，街头的门面租不起了就往后搬。慢慢地，李师傅的回头客多了起来。一是李师傅琢磨出了点理发的门道，手艺越来越好。二是李师傅谦虚，总嫌自己手艺不佳不能收人高价钱的；最重要的是，李师傅为人客气，对来的客人都照顾周全。

日子久了，大家都愿意来李师傅的店理发。李师傅的店在街坊口中有个响亮的名字：老实人理发店。

"老实人理发店"越是响亮，慕名来的人就越多。李师傅见顾客盈门，果断地盘下了街尾的小店面。终于不用老搬家了，终于有了自己的固定门店。李师傅满心喜悦地想着，当然，李师傅是没那么多钱的，管街坊们借了不少。有街坊说："我借你不多，你也别着急还，下次把我这头理漂亮点就行。"

"老实人理发店"就这么落在了街尾，一开就是 30 年。

03　用心去待人

李师傅只专心理发，成婚的年纪早过了却也没见他提，借着理发的由头，有街坊把亲戚家的姑娘带到店里。姑娘们瞧李师傅长得清秀，又习得一门好手艺，就娇羞地点头赞同。

看上李师傅的人多了，街坊们急了，这老实人却像个二愣子似的，只知道潜心剪头。最终，还是街坊们精挑细选替李师傅说的媒，为他选了一个中意的姑娘，大家都觉得这是一门好亲事。

李师傅娶了亲，他媳妇就帮他给客人洗头。来的客人都乐哉地开着玩笑，李师傅也不生气，时常接着客人的话夸自己的媳妇漂亮又能干。每每这个时刻,李师傅的媳妇都是一副不好意思的样子,臊红了脸,痴痴地笑。

如今,李师傅也五十好几了,媳妇留在家带孙子,偶尔来店里看看。

昨天，听说李师傅的店终于涨价了，涨了 3 块，凑成了 8，寓为:发发发。

去李师傅店里理发的人，有人理完发，掏出 10 块钱往柜台一扔就跑了，等李师傅拿着零钱跑出去，人影儿早不见了。还有的人，理完拿毛巾掸了几下头，大刺刺说:“不洗了不洗了，我一会儿回去刚好洗澡。”这是给李师傅节省水电费的。

大家对李师傅都很好，归根结底，是老实人李师傅人好，从不给客人乱推销东西，也不会多收一分钱。李师傅要真像现在美发店一样做生意，也能赚钱，但他心里不舒服，赚不来这钱。

老人们常说:“做人要真诚,你真我就真,你假我也假。”和人相处，时时刻刻带上自己的真诚，走哪儿都不吃亏。

我认同老一辈的理，用心去待人就是这辈子最大的福。

一个女人，一定要有一个闺密

* * * * * *

01　逛街第一人选

女人在逛街过程中犹如启动了无敌状态，逛多久都不觉得累。这对男人来说，是非常要命的事情。

再强大的男人，也走不赢爱逛街的女人。

“我总是牵着她的手，如果我一放开，她就会跑去购物了。”男人们这样说。

大多数男人对购物的热情几乎为零，但对大多数女人来说，逛街却是一件很放松很愉快的事情。因而时常在商场里会看到，女人们笑容满满地在试穿，用她们鹰一般的眼神四下挑选猎物，而男人永远是一副瘫坐在休息位子上毫无生气的表情。

女人逛街的第一人选，显然就是她们的闺密。

闺密的心思和你是一样的，两个同样热情的人，在不停的挑选中走走停停。看到好看的就停下脚步，相互讨论材质、款式；有时也不太用心去逛，只是手牵着手很随性地在商场里走走，说说话、聊聊天。

女人爱逛街，天性使然。女人逛街可不单纯为了购物，更多的是一种休闲，一种身心的放松。有兴趣一致的闺密相陪，在逛的过程中把工作中的紧张、生活中的劳累、压抑甚至郁闷尽情释放，心情也会因这灿烂起来。

如果想与人分享逛街的快感，一定不要找个跟在你身后闷闷不乐的男人，闺密永远是心中的第一人选。你说的她都懂，你喜欢的她也明白，逛多久就陪你多久，说说笑笑，好生惬意。

02　“疗伤”最佳场所

闺密，是倾倒苦水的对象，也是正能量的来源。

男人的想法和女人不同，你的委屈他很难理解，反而会觉得你太敏感无理取闹，甚至会说出一些让人感觉更加委屈伤心的话。你的心思，也只有闺密能懂。

闺密，理解你的苦恼，不会稀里糊涂就糊弄你的伤心，她们或开导，或义愤填膺把你骂醒。感情上的问题，她们是最好的聆听者，心疼你的付出，也心疼你为爱受的苦；生活上的问题，她们是最上心的行动者，教你如何结束消极，走向更好。

无论女人碰到什么难题，闺密那里总是最好的疗伤场所。闺密间心有灵犀，想要表达什么，不用长篇大论也不用解释得太多，她们都会懂。

03　实话实说的“损友”

“忠言逆耳”，愿意和你实话实说的女朋友是真闺密。

当你碰上渣男时，闺密会对你直言相告，怕你越陷越深。明知道这样会伤了你们之间的情谊，也要把你从泥沼里拉出来。

当你任性买了不适合自己的东西时，她会悄悄告诉你：“这件衣服样式看上去不怎么样，我觉得你更适合另一款。”并且，顾及你面子，又一定会提醒你什么才是最好的。

有时候闺密一针见血的批评不中听，却最是中肯。愿意和你实话实说的人并不很多，这样的“损友”虽损，但也最真，最为你着想。

04　无话不谈的树洞

一个和你聊得来的人，你们之间的相处一定是非常舒服的。闺密就是这样，你和她碰在一起，聊得天南地北，总有说不完的话。

你俩就像彼此的树洞，她悄悄把秘密告诉你，你又偷偷说一些私密的事情给她听。无论是老公的坏话还是自己的小隐私，都可成为你们聊到天昏地暗的内容，且乐在其中。

闺密的存在，是最舒坦的存在。你在她那里有你自己的小心机，也付出最真诚的热情。你们羡慕彼此，又热爱彼此。你们无话不谈，谈婚姻、谈孩子、谈喜事、谈悲事。谈着谈着，就像回到了青葱年代，你们伏在教室的课桌上，笑嘻嘻地说着一些不着边却很高兴的话题。

因为有了闺密，才不会一心只记挂、依赖着老公，他有他的朋友圈，你也有。在一定程度上你们都给了彼此足够的私人空间，情感保鲜度也更高了。

05 一辈子最重要的人

每个人都要有一个这样的闺密，这个人在你心里的位置有些时候是连老公都取代不了的。

一起逛街一起闹，一起欢笑也一起烦恼。一起走过你们的青春，走向年老。

等你们都老了，缺着牙凑在一块儿吃甜食，笑话彼此脸上的皱纹……

等你们老了就这样好好一起放松放松，享受属于你们的老年生活。聊聊年轻时幸福的事情，聊聊对方老头的八卦。穿上你们好看的衣服，依然漂漂亮亮的。相互搀扶去公园走走，像当年一样。

只要你们还在一起，有多老，就有多开心！

那个不会撒娇的女人，后来怎么样了？

* * * * * *

01　不会撒娇的女人

我们每个人身边都会有这样一个姑娘：她独立、坚强、目光炯炯，她雷厉风行，不爱服软，也不会撒娇，从来没有人见过她哭。

我身边的这个姑娘，叫阿泉。

阿泉在一家传媒公司做活动策划，经手的每场活动都从细节上力求完美，几经沉淀，在当地也是小有名气。

我认识阿泉，是在一次我们公司策划年会上，朋友把她介绍给我。

那次年会活动她策划得非常出彩，大家的反响也很不错。在那之后，我们渐渐成了好朋友。

阿泉远比我想象得更拼。有时候为了一场活动，她可以连续三天不睡觉，出现在人前的时候仍然精神饱满、笑容亲切。因作息和饮食不规律，一次大型活动之前，她胃溃疡发作，痛得说不出话来，吃了药稍微休息，转身又奔赴活动现场。

就是这样一个不会“撒娇”的女人，让我暗暗关注。

我认识她的时候，她刚分手没多久。

在之前，她有一个交往了三年的男朋友——阿杰。阿杰被她的聪明、大方吸引。几经追求，两人终于在一起，并度过一段美好的时光。

其实生活中的阿泉不像工作时那么八面玲珑，她没有太多心眼。所以当她发现阿杰出轨已是事情发生半年以后了。阿杰出轨的对象是公司的一个实习生，说话娇娇软软的，笑起来很甜。

她没有大哭大闹，平静地提出了分手。反应更大的是阿杰。他愤怒地指控阿泉，是不是从来没爱过他。

“我最不喜欢的就是你这个样子，总是那么强势，没有一点女生的样子，每次有什么事情了我问你，你就会说没事，说实话，真的让我很没有存在感，你还是一个人过吧。”末了又加上一句，“我现在的女朋友，她比你更需要我。”

这是阿杰的原话。阿泉说给我听的时候，一脸的云淡风轻，可我分明发现她的眼里写着苦涩。

我知道阿泉并不像阿杰说的那么冷酷。她只是不擅长表达自己的情感，也习惯了逞强，很多时候因为不想让他担心，才那么嘴硬。

她还跟我说过，阿杰生日那天，她亲手织了一条围巾给他，针脚有些粗大，却也暖和，可是阿杰接过来看了一眼，就放到了一边。那条围巾，他从没围过。

那时候我想，阿泉这样的姑娘，最后会和什么样的人在一起呢？

02　只是没有遇见对她好的人

前不久，阿泉给我发信息，问我有没有空，出来坐坐。她说，自己快要结婚了。我有点意外，忙答应了下来。

我们在一家咖啡厅见了面，闲聊了一会儿，我便忍不住询问她的婚事。阿泉掩不住一脸的幸福，给我讲了她和老徐的故事。

她和老徐是在一次工作对接中认识的，两个人很聊得来。

真正触动阿泉的是一个深秋的夜晚。那天下暴雨，她从地铁站淋着雨跑回了家，回到家就发起了低烧。这时老徐给她打电话，问她下班了没有，她迷迷糊糊地回答了两句。老徐忽然问她，是不是不舒服。她习惯性地回答没事。老徐却说，你在家等我，我马上过去。她说，不用了，我睡一觉就好了。老徐却说，你安心待着吧。

没过多久，老徐按响了门铃，手里提着一袋子药，从感冒药到消炎药，应有尽有，另一只手拎着的是从饭店里打包的鱼片粥。他看着她，有点不知所措地说，“不知道你需要什么，就买多了……”

阿泉愣了一下，忽然破天荒地哭了。

她想起自己犯胃病的时候，阿杰也正好给她打电话，也问了一下她怎么了，她说没事，阿杰“哦”了一声说，那你早点休息吧，我挂了。

我们聊了很久，到最后快走的时候，阿泉接到了一个电话，她看了一眼，说是老徐打来的。她接起电话，老徐好像说了什么趣事给她，她“咯咯”地笑起来，嗔怪了对方一声。

我看着此时的阿泉巧笑倩兮，眉眼里都是温柔，哪还有半点“强势、不会撒娇”的模样？

其实，哪有什么不会撒娇的女人，只是没有遇见那个真正对她好的人而已。

03　生活不像你想象的那么好，也不像你想象的那么糟

前几年看过周迅主演的一部电影《撒娇女人最好命》。她在里面扮演一个直爽率真、大大咧咧的“女汉子”，暗恋她的男闺密“黄晓明”很多年，无奈，对方不解风情，反而被一个嗲嗲的台湾美女吸引，于是“周迅”也开始苦练撒娇术。

好在“黄晓明”最后想通了自己爱的是“周迅”，即使她是个撒娇绝缘体，他也愿意和她好好相爱。

这部喜剧片得以完美收场。不过电影始终是电影。在现实生活中，很少有人愿意透过你坚强的外表，了解你脆弱的内心。

曾在网上看到这样一段话：不会撒娇，小时候想要什么东西就只会眼巴巴地看着，得不到就只好算了。长大之后，以为得不到是因为自己不够努力，后来才发现，其实会撒娇比努力还管用。有时候真羡慕那些甜甜的姑娘，软软糯糯地说句话，笑一笑，人心都能融化；我站在旁边，被反衬得粗糙又坚硬，仿佛一瞬间长了满脸络腮胡。

我见过很多这样的女人。在别人眼里，她们坚强而理智，好像没有什么能伤害到她们。其实她们也会委屈和难过，只是习惯了自己默默承受一切。不堪重负的时候，她们会找个没人的地方大哭一场，哭过后，又咬紧牙关重新上路。

她们只是天性不爱把情绪外露，也不擅长撒娇而已，但这不代表她们就不会受伤了。因为没人站在她们身后，她们学会了换灯泡、搬大桶水、修漏水管，逼着自己像个女战士一样应付整个世界。

其实不爱撒娇的女人最没有安全感，她们唯恐露出自己的软肋，更害怕被人看穿，所以总是装作一副无所谓的样子。

她们的坚强，都是柔软生的茧。谁也不是生来就如此刀枪不入，只是在不断成长的过程中，她们发现只有自己才能拯救自己罢了。

每个女人都有撒娇的天赋，但并不是每个女人都能遇到一个让她变成小女孩的男人。没有哪个女人愿意永远那么坚强，只有在真正爱她的人面前，她才能毫无防备地露出自己真实的一面。

现在，如果你还是一个人，请你一定要相信，生活不可能像你想象的那么好，也不会像你想象的那么糟。在那个对的人来之前，你要坚强地生活，靠近阳光，终有一天，你会遇到那个在你流泪时给你依靠的肩膀，他知道，你的眼泪不代表软弱，你不必在他面前假装坚强。

40岁以后，你的长相会替你说话

* * * * * *

01　相由心生

很久以前，有一个手艺人，手艺娴熟，很多人上门买雕塑。但他又和其他人不一样，喜好雕塑妖魔鬼怪。

有一天，他照镜子的时候发现自己的相貌变得很丑。

他仔细端详了很久，不是五官发生了改变，是整个面相凶恶、丑陋、古怪了。

后来，他到一个寺庙里，求助于方丈。方丈说，我可以给你治疗，但你必须先帮我雕刻 100 尊观音像。

手艺人开始不断地研究观音的神情、德行和表情，有时甚至到了忘我的境界。

半年后，他把善良、慈悲、宽容形象的观音雕塑完美地雕刻了出来，他急忙去寺庙找方丈，说，请您务必帮我治病。

方丈没说话，从背后拿出镜子，笑了笑说，你的病已经好了。这时他才发现，自己的相貌已经变得正气、端庄了。

一位心理专家说过，一个人如果长期不笑，肌肉萎缩；偶尔一笑，吓人一跳。

一个人若是热情洋溢，总是面带微笑，到老了，脸上的纹路也都是慈眉善目的。如果一个人长期不笑，面部表情僵化，越老越显得可怕，越没有亲和力。

这就是所谓的“相由心生”。

02　旷日持久的美丽

作家毕淑敏讲过一段故事，她去拜访一个整形科医生。

这位医生在整形前都会问来人一个问题，如果回答不正确，那就抱歉了，这手术是不会做的。

毕淑敏问：什么问题？

医生说：请把你的心想象成一座山谷，告诉我，那里是怎样的景象？

有人说，山谷里绿树成荫，泉水潺潺；有人说，山谷里鸟鸣不绝，百兽出没；有人说，他的山谷里阴风惨惨，宛若地狱；有人说，他的山谷里毒蛇盘踞，豺狗成群。

毕淑敏觉得很困惑，这个问题似乎和整形没有任何关系啊。医生徐徐道来：整形的效果不是一劳永逸，而是相由心生。人们为什么要整形？说到底是为了让自己的容貌美丽。可是再端正的容貌，也不是一成不变的，它一定会随着人心的动荡而此起彼伏，就像一件牛仔裤穿在不同人的身上，半年后，就会形成不同的纹路。

人的容貌是一块更细腻的布，天然的容貌是这样，靠人工矫正过的容貌更经不起磨损。愁苦，会生出相应的皱纹。快乐，则会有完全不同的纹路。如果你想要美好容颜，那么你的心境一定需要是明媚的。

时间会冲刷掉整形的效果，也只有心底的明媚，才能滋养出旷日持久的美丽。

03　不要抛弃任何人

奥黛丽·赫本是几代人心目中的女神。美国作家山姆·莱文森为她写了一首名为《时间检验的美丽秘诀》的短诗：

如果想拥有迷人的双唇，请常说善意的言语。

如果想拥有可爱的双眸，请查看他人的长处。

如果想拥有苗条的身材，请与饥饿的人分享你的食物。

如果想拥有美丽的秀发，请每日让孩子用手指穿过你的发间。

如果想拥有动人的身姿，请在走路时牢记你永远不会孤单独行。

相对于事物，人更需要被修复、重建、重生，也更需要被感化和救赎；永远不要抛弃任何人。

请记住，如果你需要援手，你总是可以在你自己的臂膀上找到。等你长大后，你会发现你有两只手，一只用来帮助自己，另一只用来帮助别人。

这可以算是赫本一生的写照。赫本真的美得不可方物吗？她自己都觉得脸颊太方，鼻子太尖锐，略抬头时显得鼻孔好大，所以她常常稍微低头来拍照。她脑门上方的头发非常薄，需要在发型设计上特别加厚处理。相比于上身，她的腿由于跳了多年芭蕾一点也不算纤细，她太瘦、平胸……

年轻时候的赫本，我们称其美是因为她的独立和自强。这是一个从“二战”的残暴中走出来的亭亭少女。而到了晚年，是因为她的善良和大爱。

幼年时在“二战”的炮火中忍饥挨饿的经历，使得赫本在晚年毫不犹豫地怀着最大的热忱投身于公益事业。作为联合国儿童基金会的亲善大使，她走遍了非洲等贫困地区……

在她的弥留之际，她的大儿子肖恩问她是否有话要说，她的回答是：

“没有，我没有遗憾……我只是不明白，为什么有那么多儿童在经受痛苦。”

大概正因为这样，赫本才是一位美了一生的女子。

04 40岁以后，要对自己的长相负责

林肯说过这样一句话：一个人到了 40 岁，就必须要对自己的长相负责。

我们的相貌可以分为两种。一种是物理相貌，一种是精神相貌。40 岁以前，你的相貌大多由你的父母负责，他们的基因决定你的物理相貌如何，他们的言行教导决定你的精神相貌如何。古人说：四十而不惑。也就是说，40 岁以后，你的长相如何，取决于在你独立生活的这些年里，是如何去修养你的内在的。

到了 40 岁，你就必须具备与你的年龄、身份、社会地位相适应的言谈举止和精神面貌。

日本文学家大宅壮一说："一个人的脸就是一张履历表。"

你内在的素质、内在的修养决定了你外在的形象和风貌，这句话一点也不假。

你前半生说过的话、做过的事，学到的知识、懂得的道理，无形中都在改变你后半生的长相。

如果你的前半生是以一副凶神恶煞的姿态去对待他人对待人生，那后半生生活回报你的一定也是凶神恶煞。如果你常怀着欢喜和慈悲，那生活也定然是予你以宽容。

千万不要让自己 40 岁以后的相貌，长得太丑。

Part 2

女人，要活得坚定且从容

你始终还是要有

那份能够独自面对生活的能力。

你有多自律，就有多优秀

* * * * * *

你能长时间坚持做一件事吗？比如，早起？坚持做早餐？长期跑步锻炼？每天写日记？……

如果不能坚持，你最大的敌人就是你自己。

01　自律VS不自律

前几天有位读者给我留言："我是一名无所作为的大龄剩女。我想把自己变得更优秀，给自己定了计划：每天要读一个小时书，背半小时单词，跑 5 公里，可我总坚持不下去。我不想这样浪费人生，我该怎么改变呢？”

她的问题，和我曾经的困扰一模一样。我也对很多事情充满热情，却总是三分钟热度。我想学吉他，省吃俭用买了一把，结果学了一个星期，吉他就被扔在角落里吃灰。我想读一本书，从图书馆借来后，计划每天读 20 页，一个月内读完，到了还书的日子，才发现只读了 30 页……

工作后，我越来越发现，自律和不自律的人生，天差地别。

不自律的人生，就像是没有方向的瞎忙，忙碌一生却迟迟走不到成功的终点。而自律的人生,无论多辛苦,最后一定会获得想要的成功。

02　自律能改变人生

我曾采访过励志女青年作家杨熹文，我问她是如何带着 800 块在新西兰活下来的？

她说起那段故事时，我看到她眼里有泪水，但嘴角在微笑。“那时我一边念书，一边打着三份工，还一直坚持着写作。这三份工作之间有两个小时的空余时间，我通常下午会提前去打工的咖啡店，坐在那儿看一个半小时的书，晚上 12 点结束一天的工作，回到家把这一天的故事写下来。虽然很想倒头就睡，但一想到能记录下自己一天的生活，我就咬牙坚持，哪怕再苦再累。当写作成为习惯，我才发现自己还有这样的一面：跨越重重的荆棘，爆发出巨大的潜能，不听从命运的安排，成为这么好的人。”

我想，成功之所以那么难，是因为上帝在考验一个人到底能为成功付出多少坚持的决心。

只有坚持一个方向，严于律己，才能一步步走向成功。

03　自律让你变美

自律除了给人成功的机会，还能给一个人带来容貌上的改变。

我印象最深的是住在我家隔壁的那个女孩。她曾是个 150 斤的胖女孩，可自从她在小区健身房办了健身卡后，我每天都会在下班的路上碰见穿着运动服的她往健身房走去。短短三个月时间，她的双下巴没了，皮肤也比以前更水润了，尤其那前凸后翘的身材也显现出来了。我是既惊讶又羡慕。

直到有天晚上，我去她家敲门借东西时，才知道，我应该崇拜她。为了拥有好身材，她付出的远远不止健身房的汗水，还有每天都在苦咽着无油无盐的水煮西兰花和味同嚼蜡的白煮鸡胸肉。

我问她是如何坚持下去的。她跟我说："想到偶像彭于晏能从一个 140 斤的胖墩变身成脱衣有肉、穿衣显瘦的男神，我就充满了斗志。男神都可以如此自律，我这个普通女孩为什么不能在变美的路上坚持下来呢？"

04　自律能让人更自信

我看过一篇采访，说彭于晏读书时因长得胖乎乎被人嘲笑，那时的他对自己的容貌感到自卑。

为了摆脱阴影，他开始减肥，无论春夏秋冬，操场上总有个身影在奔跑。听说打篮球会长高，他就在晚上一次次地投篮。慢慢地，操场上的身影变成了瘦高的男神，他开始明白，要是能为了一个目标坚持下去，就真的能做到。

上帝总是在奖励自律的人。瘦下来的彭于晏被导演看中进入了电影行业，从此星途灿烂。

长期自律的彭于晏，对待工作也是一如既往。在拍《翻滚吧！阿信》时，苦练体操 240 天，每天到训练场的时间比教练还早。为了保持身材，他坚持不吃任何有调料的食物。最后凭借自身的努力和精湛的演技，成功入围第 48 届台湾电影金马奖最佳男主角。

自律让人变得更有自信。自律的人，也多了无数成功的机会。

05　自律让你活出自我

说起自律，还有一位元气少女值得被我们关注，她就是陈意涵。

35 岁的她，仍然还是个活力满满的“少女”。她热爱运动，滑雪、骑马、潜水、登山、攀岩。她跑完了 2017 上海马拉松全程。当天还是她的生日，她以自己喜欢的方式祝自己 35 岁生日快乐。

在《花儿与少年》节目中，她说：“勇敢是什么？对我来说，敢奋不顾身地去爱去流汗，敢被讨厌，敢接受事实，敢一个人很快活，敢不怕受伤，敢毫不犹豫地起床，敢说到做到，敢冬天洗冷水澡……好多好多，但真正我最坚持的，还是要有被爱跟被抛弃的勇气。”

自律的人，总能活成自己最喜欢的样子，收获意外的惊喜。

村上春树 28 岁因戒烟而体重增加，为了保持健康，他开始严格按照时间表跑步锻炼。每天跑上 10 公里，从未中断过。后来他说:“我写小说，很多故事都是在每天晨跑路上想到的。”

是的，他为此还写了一本《当我谈跑步时我谈些什么》的书。

王小波说:“人一切的痛苦，都是来源于对自己无能的愤怒。”

哲学家康德说:“所谓自由，不是随心所欲，而是自我主宰。”

所以解决人类痛苦最好的办法，是自我主宰。按照定好的计划执行下去，你一定会发现自己有所改变。不管是外在的变化还是内心的成长，你都是因自律而优秀。

爱读书的女人，究竟赢在哪里？

★ ★ ★ ★ ★ ★

英国作家毛姆曾经说过：“世界上没有丑女人，只有一些不懂得如何使自己看起来美丽的女人。女人的真正魅力不是时髦，而是内在修养，通过修养打造一个货真价实的自我，通过读书培养一种区别于他人的品位。”

爱读书的女人，究竟赢在哪里？

01　赢在气质

记得《欢乐颂》里，安迪家的大书架上摆满了书，她睡前会捧起一本书读，就连出国度假也会随身带些书。而隔壁樊胜美、关关、小蚯蚓的房间里，大多是衣服、化妆品，她们在家也很少讨论和书有关的问题。

安迪的出现，像是自带光环的女王。她身上有着和别人完全不同的气质。

很多人都说安迪是白富美，气质自然不同。可再看那个不爱读书的富二代曲筱绡，她整天嘻嘻哈哈的样子，和“气质美女”搭边儿吗？

其实，一个女人的气质，藏在她读过的书里。

读书，能让一个人独立解决很多问题，从而增强了自信心。有自信的女人，总是有一种强大的气场，让别人能够尊重她。

真正爱读书的女人，首先在气质上就稳赢别人。

02　赢在口才

网上传过这么一个段子：当看到美景时，读书多的人会说“落霞与孤鹜齐飞，秋水共长天一色”，而不读书的人只会说：“哇，好看，好好看！”

当想夸朋友做的菜好吃时，读书多的人会说：“火候掌握得很好，味道恰到好处，清香可口，肥而不腻，肉质鲜美，色泽诱人……”不读书的人只能说：“好吃！太好吃了！你真棒！”

这一言一行上，就能看出读书多和不读书的差距。

没读过书的女人，吵起架来被人骂“泼妇”。而读书多的女人，骂人不吐脏字，怼得有理有据、让别人无话可说。

这就是口才。它决定了一个人在别人眼里的形象是文化人还是土包子，也决定了一个人的圈子是有修养还是没素质。

真正爱读书的女人，能在口才上赢了别人。

03　赢在眼界

书中自有颜如玉，书中自有黄金屋。不是说书里藏着美人和金钱，而是说读书多的人，能了解到更大的世界，拥有更好的价值观。

邻居家的女孩和我是同龄人，小时候每天一起去学校。但她从小就不喜欢读书，后来读完初中就去打工了。后来我念大学有一年暑假回家，再碰见她的时候，她已经有了一儿一女。

现在的她，一辈子就困在小山村里，每天洗碗、洗衣、扫地，照顾公婆和孩子，闲了就带着小女儿与一群家庭主妇聚在谁家门口晒太阳、打扑克。

从小到大她是这么活过来的，现在她的女儿也像她一样在长大。在不读书的日子里她对外面的世界一概不知，没有任何憧憬。她只知道城市房价贵、生活压力大，却不知道城市能带给她的可能是不甘平凡的人生。

眼界和世界观或许不在书里，却在读过书之后的脑袋里，别人偷不走，也给不了。

04 赢在魅力

以前，我以为魅力来自于精心打扮，你看那些在办公室里异性缘好的姑娘都长得好看。

自从办公室来了一位文艺女青年后，我才发现，一个女人的魅力，源自于才华。

她很少化妆，衣服也大多是舒服就好，但我们总能看见她认真翻书的样子。她的桌上常常放着几本书，隔两周又会换几本。和她聊天，总能听到很多新东西，有时是时尚潮流，有时是历史八卦……大家常常夸她懂得多、生活品位好。大家还送外号“少女百事通”，我们有事没事都会找她闲聊一番。

就这样，文艺女青年凭借其魅力，以绝对优势碾压了那些花枝招展的女孩们，她一下子成了办公室里人气最高的人。

一个女人的魅力不是与生俱来的容貌，而是后天养成的才华与修养。

05　赢在心境

以前我不太明白，人为什么要读书呢？作家为什么要写书呢？

后来越长大越明白，写书的人写的是对人生的思考，读书就是在读别人的时候懂得思考自己的人生。

我们都会遇到很多烦恼，我们也都常常被琐事困扰。智者说，“静不下心的时候，就读书吧。”

读小说，可以去感受主人公的喜怒哀乐，明白我们自己才是人生的主角，为自己做的每个选择负责。

读鸡汤，会发现这个世界上也有人和我们一样不幸福，甚至比我们更惨。我们不去成为更悲惨的人，我们需要满满正能量给我们鼓励。

爱读书的女人，通常能让自己活得更自在。因为，心是满的，就不会脆弱。

我喜欢爱读书的女人。

书不是胭脂，却会使女人心颜常驻。书不是棍棒，却会使女人铿锵有力。书不是羽毛，却会使女人飞翔。书不是万能的，却会使女人千变万化。

爱读书的女人，配得上世间所有的美好。

美丽是一生的事，和年龄无关

＊＊＊＊＊＊

01　真正的美人，从不惧怕年龄

我最近在上海出差，开会之余也去逛了逛商场。有一次我和同事在看鞋，在试鞋的当口，旁边椅子上有位年龄看上去不下 70 岁的奶奶在试一双精致时髦的细高跟鞋。鞋面是红色的，浅浅的鞋口，相当秀气。

我想起家里的老人平时都穿平底鞋，就算是我这样的年轻人，也时常一双跑鞋就走天下了。老太太这么大岁数，就不怕崴脚摔跤的吗？

出于好奇，多打量了老太太几眼。正身旗袍，脖子上是一串讲究的珍珠链。坐姿也十分端正，穿上新鞋的脚跷着二郎腿，在镜子面前左一下右一下地变着角度看鞋子的合适度。随后又站直了身，腰身也随之扭动，优雅地这边看看，那边瞧瞧，活像个妙龄摩登少女。

我和同事都很震惊，老人的优雅气质甚至比我们这两个年轻人还要高贵。她身材匀称，气质高雅，挑选自己喜欢的鞋子时完全不在乎旁人的眼光，也不局限于年龄的阻碍。仿佛那双红色高跟鞋生来就是为了等她带走似的，一切都很自然。

当时我在想，女人要有一副怎样的心态，才会到老了还有这般惊人的风姿啊!

真是应验了那句话：真正的美人，从不惧怕年龄，反而岁月会让她闪闪发光。

02　美丽优雅，是女人的尊严

提起杨澜，大多数人都会竖起大拇指，这个知性、优雅的女人，已经成为国人眼中新女性的代表人物。

不过，这样一个如此美丽的人，一开始可不是这样，生活很是随意，以至于碰了很多钉子，最后是她在英国遇到的一位老太太点醒了她。

杨澜在一次采访中说起她的房东太太，这位太太是一个非常苛刻的中年女人，规定杨澜必须 12 点之前熄灯睡觉，必须在 10 分钟之内从浴室出来。如果不穿戴整齐就不准进入她的客厅，不准在厨房做中餐，甚至规定有客人来访的时候必须涂口红!

有一次杨澜应聘失败，心情沮丧，洗完头发便坐在床上一边翻看报纸上的招聘信息，一边吃带回来的面包卷。房东太太觉得她严重违反了自己的原则，让杨澜滚出去。

杨澜也气极了，披散着头发，在睡衣外裹件大衣就冲出了门。

她来到一个咖啡馆，就座后，发现对面是一位英国老太太，她看起来比自己的房东太太还要讲究，就像伊丽莎白女王一样尊贵与精致，穿着裙子、丝袜、高跟鞋。杨澜不由得下意识地收起自己宽松睡裤下的运动鞋。

随后，杨澜问老太太洗手间在哪里。老太太并不看杨澜，而是从旁边拿了一张便笺写了一行字递给杨澜。非常漂亮的手写英文：洗手间在你的左后方拐弯处。杨澜抬头看老太太，她正以非常优雅的姿势喝咖啡，没有看杨澜半眼。

尴尬的杨澜在洗手间看到镜子里的自己："我的头发被风吹得非常凌乱，我的鼻子旁边甚至还沾了一点面包屑！虽然我的大衣质地非常好，但我的睡裤被它衬得很老旧。第一次有点看不起自己。"

当杨澜再回到座位的时候，老太太已经离开了，她留下了便签：作为女人，你必须优雅美丽。这是女人的尊严，更是做人的标志。

那位写便条的老太太以及严格要求自己的房东太太给杨澜树立了很好的榜样，从此，她开始注重品位与优雅，在事业上也因此得到了很大的发展。

杨澜说："没有人有义务必须透过连你自己都毫不在意的邋遢外表去发现你优秀的内在，你必须美丽优雅，这是女人的尊严。"

愿你也成为和那位老太太一样的女人，不管是 20 岁，还是 30 岁，

40 岁，还是 50 岁，愿您追求美丽，有一颗学会优雅生活的心。

这样的你，即使长得不漂亮，也是美丽的女人。

03　时光飞逝，老的只是年龄

追求美，可不是追求身份证上的一串数字。每一个年龄有每一个年龄的独特气质，年龄是你的勋章，不是你的硬伤。

尽管人的容貌会随着时间渐渐老去，这容貌却是经得起推敲的。年轻的时候你很亮眼，迟暮之年你若活得愈发美丽，你也就更为动人。

时间不是美丽的敌人，即使青春不在，时间也能将你的灵魂打磨得越来越迷人。与其感叹容颜逝去，不如在岁月的洗礼中好好沉淀自己，优雅地老去。

人终有一老，或老而庸常，或老而优雅。

我们要做的是保持对美好的追求，对生活的热爱，永远不要拿年龄作为放弃追求美丽的借口。

纵使时光飞逝，老的也只是年龄，绝不会是她们的曼妙风姿。要记住，始终拥有自信和追求美丽的态度，任何时候都可以是最美好的时光。

细节最能看出一个人的教养

* * * * * *

01　守时，是最基本的尊重

名作家刘墉讲过自己这样一段经历，他在美国大学任教的学期结束后，想要了解学生对自己教学的评价，就与学生讨论，请学生提出意见。

其中一名学生说："教授，您教得很好，也很酷。"

这位学生停了一下，又笑笑："唯一不酷的地方，您常在一堂课开始时等那些迟到的同学，又常在下课时延长时间。"

刘墉一惊，不解地问："你不也总是迟几分钟进来吗？我是好心好意地等，至于延长时间，是希望多教你们一点，这有什么不对吗？”

没想到，全体学生都叫了起来：“不对！”有个学生补充道：“谁迟到，是他不尊重别人的时间，您当然不必尊重他。至于下课，我们知道您是好心，要多教一点，可是我们下面还有其他的课，您这一延，就造成我们下一堂的迟到。”

我们通常说要有时间观念，时间对于每个人来说都有它的意义。打个比方说，候车的人不会喜欢列车晚点，看电影最讨厌那些开场 10 分钟了才进场的人，面试约好时间却迟迟不见面试官人影的场面也一样让人非常尴尬。

没人喜欢等待，你要别人尊重你的时间，先得尊重别人的时间，而你不守时，不仅是你自己的问题，也将连带地造成别人的不守时。

守时只是一件很小的事情，但这个小细节却时刻提醒我们：只有尊重别人时间，也掌握自己时间的人，才能得到别人的尊重。

02　不给别人添麻烦，没有那么难

下雨天坐公交遇到过这样的人，一对小青年上车，刚好有人下车多出两个座位。男生手里拎着伞，招呼女朋友就座后直接把伞放在了另一个位子上，自己没坐，拉着手环站在一旁和女朋友打情骂俏。

公交车每到一站都有人上车，男生好像还很客气地把伞拿走，一脸“你坐你坐”的客气表情。别人看到一座位的雨水，都不愿过去坐。结果，男生又把伞放了回去，直到下车。

很多时候我们给别人添了麻烦，却不以为然。下雨天上车没有塑料袋包伞，那也可以靠在一旁尽量避免影响到其他乘客。一些小的举动，反而更能证明一个人的品质。

还有一件事儿也让我感受很深。

公司同事中午时都会去园区附近的快餐店自助用餐。有次我们带了新人一起吃午饭，饭吃完了，其他同事习惯性收拾自己的餐盘，新人初来乍到虽不熟悉也跟着收拾。几个星期之后，新人和大家都比较熟悉了，饭毕也不主动收拾餐盘了，还半开玩笑地说："你们这么勤快，清洁阿姨就要没活儿干了，她是要失业的呀。"

还有几次，天热大家直接拼的外卖，收拾的时候新人连饭带汤直接一股脑倒进垃圾桶，顺带把擦过嘴的纸巾一并混进汤水里，一坨一坨的，随着菜油漂浮在面上，甚是恶心。清洁阿姨每次清理的时候都特难下手。

这位新人最终没有通过试用期，虽然他的业务能力过关，但几乎所有的同事都不认为一个这样的人能够胜任这份工作。

生活中每个人都会有一大堆麻烦，我们不说去帮助其他人解决麻烦，至少不去给人添麻烦。

不给人添堵，是一个不经意的细节，却更能反映一个人深层次的修养。

03　文化和教养，是两回事儿

新学期开始，送弟弟返校，我们在学校食堂吃饭。学校食堂的窗口一般都不收现金，只刷校园卡。

学校那几天在施工，有建筑工人也想来食堂吃饭，他们到食堂发现，买不了卡，没卡就买不了饭。这时我们刚好排在队尾，有位大叔就过来问我们能否帮忙刷下卡，他给我们现金。

弟弟二话没说就给刷了，大叔拿到饭忙从裤兜里掏钱，弟弟刚要接，他又把手缩了回去，从兜里掏出张纸巾擦了擦手，又用另一张纸巾把钱擦了擦，这才小心地递过来说："不好意思，我手上都是汗，抓得钱也不干净，现在可以了，谢谢你们了。"

陈道明说："教养和文化是两回事，有的人很有文化，但是很没教养，有的人没有高的学历和学识，仍然很有教养，很有分寸。"

我们见过农民工乘地铁明明有空位却选择席地而坐的，仅仅因为身上灰尘多怕脏染了位子，影响到其他乘客。我们也见过城市白领为抢一个位子不顾形象相互唾骂的。

一个人文化有多高，并不代表他多有教养。有文化的人，不一定有教养；没文化的人，不一定没教养。

教养来源于日常生活一点一滴的积累，愿意在每一件小事儿，每一个小细节下功夫的人，这本身就比其他人更成功。

西汉政治家陆贾有言：“建大功于天下者，必先修于闺门之内；垂大名于万世者，必先行之于纤微之事。”意思是：为天下建立大功的人，一定是先在小的方面修养自己；名声流传千古的人，一定是从细节做起的。

可见，细节永远最能看出一个人的教养。

聪明的女人，都懂得说“不”

* * * * * *

01　大声说“不”

好友小于最近遇到了一件烦心事。

因公司拓展海外业务的需要，小于和几个同事一起被派往日本做市场调查，在完成相应的工作后，还有几天的自由安排时间。

原本很开心的一件事，就因为小于几天前朋友圈那句“过几天，要去日本”惹了祸。

原来，在这条朋友圈下面，一大波“代购”的求助蜂拥而至。

“关系一般的我都装作没看到，但亲戚和几个好朋友我真的不好拒绝。可我实在不想拖个超级大的行李箱，更不想去玩的时候还念念不忘要带东西！”

“都是人情,不好拒绝啊。要是拒绝了,这些亲戚朋友肯定会不爽。”小于无奈地说。

我完全理解小于的苦恼，因为我也被类似的“求助”困扰过。

在中国这个人情社会里，不懂得“通融”似乎就是一种不近人情的低情商表现。大多数人都觉得，良好的人际关系就是通过这种“互帮互助”建立起来的。

大多数的时候，我们面对这类“求助”，内心下意识地拒绝，但往往还是会在心里权衡：我要是拒绝了他，他会怎么想我？

我们难以拒绝别人，说到底是无法接受一个“不被别人喜爱的自己”。在这个过程中，我们通过满足对方的需求来体现自己的价值，从而获得对方的接纳。

我们害怕自己成为那个众人眼中“不懂事”的人而被孤立，因此明明心不甘情不愿，却依然不敢大声说“不”。

02　有些事，不想做，就应该去拒绝

我认识一个朋友，原本很少更新朋友圈，偶尔发一些个人动态或是有文艺气息的照片。突然有一天她在朋友圈里也开始发起了微商广告。我终于忍不住好奇，问她是被盗号了还是改行做微商了。

她说都不是，是因为最要好的闺密开了个微店，刚起步，叫她帮

忙扩散一下。

我问她，不觉得这样做很烦吗？

她说是很烦，内心是不想发的，但那是她最好的闺密啊，她实在不知道如何拒绝。而且如果屏蔽掉她良心上又过不去，觉得是在欺骗闺密。

我说，那她有想过你的感受吗？既然是你最好的闺密，难道不了解你的个性吗？不知道这样做会让你很为难吗？

她无奈地说，唉，算了算了，十几年的朋友了，这点小忙要是不肯帮，她一定会觉得我小气的。

话说到这儿，我也就没有再说下去了，我无意就此事再做出任何评论，更不想因为我而破坏她们十几年的朋友关系，但我还是旁敲侧击地提醒了她一点：有些事，既然不想做，就应该去拒绝。

03 脱不开人情，放不下包袱

有一则广为流传的对话：

“这个项目多久可以完成？”

“6 个月。”

“4 个月行吗？给你加 50％的报酬。”

“对不起，我做不到。”

对话中勇敢地向客户说“不”的正是创业之初的李彦宏，当时百度还只是一个不起眼的小公司。然而，正是李彦宏当时倔强的坚持，反而赢得了客户的信任。

后来，这个客户告诉李彦宏，对他的拒绝，自己感到非常满意，因为这反映出他是一个很真实和稳重的人，这样性格的人做的产品在质量上一定会有保障的。

这是一个真实的故事，也是给那些觉得拒绝了对方会带来不良后果的人的有力回击。

我们总以为好心的接受才是对方想要的满意答案,说一个“不”字，仿佛会失去全世界。

事实是这一切都是我们自己没有底气揣测，一厢情愿地以为对方只想听到我们的肯定答复。

李彦宏并没有因为拒绝客户而丢掉业务，相反为自己争取到了能做出有质量保证的产品的合理时间，赢得了客户的信任。

同样的，和亲朋好友说清楚自己是出差顺便玩一下，并没有太多的时间和精力带东西，对方不见得就会觉得你不通人情。

告诉闺密自己的朋友圈不想发那些微商广告，她也不见得不能理解你。

勉强答应不一定就能拉近你和朋友的关系，恰恰相反，你的心里结下了芥蒂。你可能因此开始讨厌你的朋友，甚至因为怕再“惹麻烦”而有意无意地疏远和她的关系。

是我们自己心里没有底气，害怕那些并不一定就存在的坏结局，撂不下面子，脱不开人情，放不下包袱，说不出那个想说而不敢说的“不”字。

04 学会拒绝，学会说“不”

毕淑敏说：合理地拒绝一些东西，才能得到更珍贵的东西。

拒绝是对一个人胆魄和心智的考验。如果你一直学不会拒绝，就很难有决断力和抵抗风险的信心及勇气。

拒绝更是一种权利，学不会拒绝，就等于放弃了一半的选择权，而为此损失的可能是时间、金钱、情感和更多的机遇。

你可能时常抱怨自己的人生过得焦头烂额，这个时候你该静下心来想想自己是不是承担了太多不必要的东西。

是安排不合理的工作任务，还是一人承担的家务劳动？是为了面子的应酬，还是为了人情的帮忙？

我们的时间都是有限的，把有限的时间用到更值得自己做的事情上才是明智的选择。

聪明的人，都懂得取舍。聪明的女人，更要学会说“不”。

女孩子不努力，将来可是要结婚的

＊＊＊＊＊＊

01　为什么现在的女孩子越来越不想结婚了？

微博上看到一个话题："为什么现在的女孩子越来越不想结婚了？"打开评论，热评第一句一下就击中了我的神经：

"女孩子不努力，将来可是要结婚的！"

而底下的评论更是纷纷表达了对这句话的赞同，并对"为什么不想结婚"这个问题进行了解释：

"现在只有去超市提东西会想起男朋友，不过等年底买了车，就不会再想了。”

“上学父母养，上班自己养，退休国家养。吃饱喝足自己往家一躺幸福到哭。”

“事实上找个男的结婚真的很不划算！一个单身女性可以养活自己，可以干自己喜欢的事，待在父母身边好好孝顺，可以选择自己想要的生活方式；一旦结婚，做饭带娃伺候公婆，偶尔还得打‘小三’，白天挣钱晚上带娃，生产过后还可能因身材走样胸部下垂，自己挣的钱还得养着跟别人姓的娃，所以忒不划算！”

虽然上述很多评论是带着开玩笑的口吻说的，但我们从中不难看出一个比较普遍的现象：现在的 90 后女性，对于婚姻的依赖性已经越来越低，在她们眼中，婚姻不该是人生的必答题，而是一道选答题——如果没有加分的把握，宁可放弃不做。

让她们可以从容做出这一选择的最大底气是经济独立。如此，我们便能很好地理解热评第一的那句话了——女孩子如果不努力奋斗，不能经济独立，将来便无法自己养活自己。

02 将来必须交到自己手里

想起自己刚毕业那会儿，在离家很近的一个小公司做文案。公司的业务量不大，每天的工作很轻松，有大把的空余时间。当时也没有太为自己的将来打算，就觉得活儿少离家近，又能吃到妈妈做的菜，生活也蛮幸福的。

每天在家里什么都好，唯独一件事让我很心烦：父母经常忙着给我张罗对象。

那时也被逼着赶了几次相亲局，结果也可想而知，都没有了下文。

父母对给女儿相亲这件事始终都保持极高的热忱，亲戚朋友推荐的看了个遍，又从他们同事那里下手，问有没有适合女儿的对象。为此，我也没少和他们争吵过。

后来我跳槽，去了一家知名的大公司，因离家远，便在外面租了房子。虽然从此一个人住，但收入比先前翻了几番，养活自己绰绰有余。

本以为我一个人住在外面，父母会更急切地催我赶紧找对象结婚，令我没想到的是，自从换了新工作之后，他们便很少再催我相亲了，只偶尔询问一下有没有找到心仪的对象。

我感到不解，在某次一起吃饭的时候忍不住问他们为什么不再催我相亲了。

父亲的一番话让我恍然大悟。

他说："你先前那个工作，工资低得可怜，公司也很不靠谱，我们当时很为你的前途担忧。想着自己很快老去，就希望你能早点找到一个合适的人嫁了，等我们老了，好有一个人照顾你。现在不同了，我们看到你已经有了养活自己的能力，即使没有了我们，也可以过得很好，所以放心了很多。"

可怜天下父母心，父母之所以急着给我找对象，无非是担心我的能力不足够养活自己，而他们又在一天天衰老，便迫切想给自己的女儿找个好的归宿。

父母的这种焦虑，完全在情理之中。

从那以后，我再也不敢对自己的前途大意，认真规划自己的职业生涯，努力工作，勤奋学习。

因为我知道，我的将来必须交到自己手里。

03 你要有独自面对生活的能力

电影《爱玛》中有一段经典的对话。

哈丽特问爱玛："你为何不结婚呢？你如此天生丽质。"

爱玛说："告诉你吧，我连结婚的想法都没有，女人有这种想法真是太奇怪了。我衣食无忧，生活充实。既然情愫未到，我又何必改变现在的状态呢？但是，不用担心，因为我会成为一位富有的老姑娘，只有穷苦潦倒的老姑娘，才会成为大家的笑柄。"

女人，不能把有没有结婚当作生活是否幸福的衡量标准。

因为结婚与否不代表人生的输赢，婚姻并不等于幸福。

所以，千万不要把婚姻当作改变命运的救命稻草。所有将幸福交到别人手里的行为都是愚蠢至极的，女人的幸福，必须掌握在自己手里。

只有你不断努力，有了足够的能力养活自己，你才有更多的余地选择自己的人生。你可以选择一个人自由自在，也可以选择耐心等待那个对的人。因为你不靠嫁，也不愁嫁。

当然，我并不怀疑美好的爱情和婚姻，如果能早早遇见那个合适的人，确定他能给你想要的幸福生活，嫁给他当然是一件美好的事情。

只是，你始终还是要有那份能够独自面对生活的能力。

Part 3

既要情商，也要智商

学做一个情商高的人，

温柔对待他人，

必定也会被这个世界温柔以待。

你的善良，必须带点情商

* * * * * *

马克·吐温说：“善良是一种世界通用的语言，它可以使盲人感到、聋人闻到。可是低情商的善良，却是一种变形的失声的语言，连正常人都感受不到它，更鲜少魅力可言。”

可见，善良也是有尺度的，如何把握好分寸很重要。恰到好处的善良让人如沐春风，低情商的善良只会让人反感甚至厌恶。

01　善良不是盲目付出

小学三年级的时候，班上来了一个插班生，小男生乐观开朗，第一天来的时候就给我们留下了很好的印象。很快，他就和班上的同学玩在一起了。

孩子的父母没有固定的工作，每天晚上会去我们当地很有名的夜市一条街出摊，卖炒饭炒粉干之类的夜宵。

有一天，班主任召开临时班会，向我们提出了一项倡议。原来，插班男孩的父母因前天晚上出摊，遇上几个小混混打架斗殴，摊子被砸烂了，人也受伤住进了医院。班主任把这些实情一五一十地告诉了我们，特别强调孩子家里非常困难，需要大家伸出援手。班主任说完还把孩子叫上讲台，叫我们每个人上去拥抱一下他。

站在讲台上的小男孩全程低着头，面无表情，我们挨个上去拥抱他，他也没有任何反应。那天以后，他就像换了个人似的，总是刻意避开我们热情的问候，变得沉默寡言。

后来我想，应该是班主任那天的话伤害了他的自尊心。原本乐观开朗的小男孩并没觉得自己和大家有什么区别，直到那天班主任反复强调他来自一个非常贫困的家庭，他开始意识到自己是“弱势群体”，需要接受我们的帮助，这让他开始感到自卑。

我们不怀疑班主任的好心，因没有采取更适当合理的方法，盲目地给予简单粗暴的帮助，继而带来了负面影响。

善良不是不问青红皂白地盲目付出，而是恰到好处地急人所急。

02　善良不是道德绑架

道德绑架，最熟悉的莫过于网络上闹得沸沸扬扬的“逼捐门”。最近的有斩获近 60 亿票房的导演吴京，先前的有马云、马化腾、王健林等富豪。

几乎每一次出现较大的灾难性事件，网络上都会涌现出一大波自视“正义与善良化身”的人，他们指名道姓地要求别人捐款，他们的理由也很简单，这些人钱多，所以他们必须捐。自己穷人一个，逼他们捐款就能表达最大的善意。

捐款本来就是一件自愿的事情，你如果想帮助别人，可以力所能及地通过捐助来表达自己的善意，而不是将自己的意志强加到别人头上。

还有一件事情，某主持人曾在某节目上要求一位女孩原谅从小就抛弃了自己的亲生父母，女孩选择了拒绝。因为在过去的二十多年里，亲生父母和她就生活在同一个村子里，却从来没有看过她一眼。她说她认定的父母是过去二十多年里给予了她亲情的养父母，而不是迟迟没有出现的亲生父母。

谁知，主持人却指责女孩心胸狭隘，逼迫她认亲生父母，还诅咒她不认就永远得不到幸福。

且抛开孰是孰非不谈，突然将两个二十多年来从未见过的陌生人带到你面前，然后逼着你喊爸妈，这事换谁受得了？

最讽刺的是，主持人反复提到“善良”两个字，我完全可以理解为，他是要女孩做个善良的人，原谅一切的恶。

呵呵，不好意思，我和你理解的善良真不一样。

03　善良不是纵容犯罪

某贫困村，土地贫瘠，红薯是活命的粮食。但村里的红薯经常被人盗挖，村子就安排体力旺盛的年轻人轮流看管。然而偷盗行为始终难以绝迹。

后来村长怒了，不声不响地搞了个秘密行动，带了几个可靠的人，埋伏在红薯田附近，当夜将盗贼擒获。

被捉住的是村子里的一个手脚不干净的懒汉。此人身强体壮，就是舍不得力气干活。唯独在盗挖红薯时，还算比较拼。

小偷被擒，连累到村里一个很优秀的小伙子前程尽毁。

这个小伙子，人聪明，也善良，已被保送读大学。开学前他和大家看护红薯地。就那么巧，小偷盗挖红薯时，恰好被他遇到——看大家都是熟人，小伙子心肠一软，就睁只眼闭只眼，没声张。

结果，等到小偷被抓时，口口声声怪那个小伙子。说如果小伙子当时制止他，他早就不会偷了。都怪小伙子，害得他不偷都不好意思。

小伙子再也说不清楚了，保送大学的资格被取消，还被人怀疑是小偷的同伙。

小伙子觉得又气又委屈，蹲在墙角直掉眼泪，不停嘟哝道：真是好心没好报啊……村长路过，怒喝一声：帮人家偷东西，这也叫好心？别人杀人你递刀，这不叫好心，叫造孽！

善良也有界限，很多时候，如果不能认清善良的界限，往往会掉入行恶的深渊。

真正的善良是需要情商来把控尺度的，它是有所为和有所不为。

世上只有三件事：
自己的事、别人的事、上帝的事

* * * * * *

某天晚睡前读完了张德芬老师的《遇见未知的自己》这本书，我突然明白，很多时候，我们的不快乐只是源于我们内心的不安宁。当我们跳出乱七八糟的事情再来审视自我时，往往会遇见一个全新的自己。

那么，要想跳出糟糕的情绪，你需要明白这个道理——世上只有三件事：自己的事，他人的事，上帝的事。

01 打理好自己的事

生活中每天都会遇见种种事情，时而惊心动魄，时而平淡无奇。

我们面临这些事情所表现出来的态度代表了我们的七情六欲。通过这些情绪，我们逐渐收获一个完整的自己。

比如：一日三餐吃什么、明天要穿什么、今天要怎么生活、过得开不开心、要以怎样的态度工作、要不要学习、要不要做一件好事……

人这一辈子只有几十年，我们不能白来这世上，所以，人得为自己而活。最好的活法是希望自己的每一天，平安喜乐，也能有所收获。

生活中每个人也许每天都会遇到不如意的事，如果每次遇到不开心的事情，都寄希望于“如果能重来”，那么我们就永远不会开心。

要知道，那些看似末日的不开心，其实都会成为过去。年轻的时候害怕生孩子，等到真的生孩子的时候，也能挺过去。所以，活在当下、活出自己、活得开心，最重要。

活得开心是自我生活的前提，活得有所收获则是对人生的沉淀。例如每天睡前想一想今天都发生了什么事，自己是如何处理的，现在想想是否得当。总结好今天，才能过好明天。

学会处理和反思自己遇见的一件件小事，我们才算是活出自我，才能成为更好的自己。

02　少插手他人的事

《遇见未知的自己》里，有一篇文章叫“担心是最差的礼物”。故事里，母亲对孩子的教育感到苦恼，她担心孩子外出的安全问题，所以一遍遍提醒，甚至想跟着一起去，但这样做反而招致孩子的讨厌。

面对这个烦恼，智者说，作为母亲，提醒是可以的，但过度地担

心是一种不负责任的加害行为。像这样出于恐惧而把担心投射到孩子身上，只是在抚平母亲自己的不安。对孩子来说，只会加剧他们的心理压力，也会让孩子和世界的接触面变窄。

父母不能陪孩子过一生，所以遇到问题，需要孩子自己去解决。那么，勇敢、自信以及拓宽视野都是孩子从小要去经历的，是属于他们一生的事。

同样的道理，“别人”还有很多。同事也好，朋友也好，都有各自的生活，我们无法陪每一个认识的人走一辈子，更不能一辈子活在别人的眼光里。

别人过得好，我们无须嫉妒。别人过得不好，我们也只能遵循自己的内心，愿意帮忙就帮，无法帮忙，也无须自责，更不能轻易被别人道德绑架。

其实角色互换一下，如果我们需要帮忙，别人帮了，那是情分，别人不帮，那是本分，我们也无须因为这样的事情而伤心。

03　别担心上帝的事

地震、火山、海啸、刮风下雨、生离死别……这些超过人力控制范围的事，都属于上帝的管辖范畴。

有一个成语叫“杞人忧天”，出自《列子》中的一个小典故：

从前，杞国有一个胆子很小的人，某天他问：“假如有一天，天塌了下来，那该怎么办呢？我们岂不是无路可逃？活活被压死，不就太冤枉了吗？”

朋友们劝他：“老兄，你何必为这件事自寻烦恼呢？即使天真的塌下来，那也不是你一个人忧虑发愁就可以解决的啊，想开点吧！”

可无论别人怎么说，他都不听，仍然在为这个无法解决的问题担忧，终日精神恍惚，直到生命结束。

这个成语也意在告诉我们，不要为了无须担心的事情或已成定局的事情而过度烦恼。

放到我们身边的事情来看，我们明明知道考试成绩的高低在提交试卷那一刻就无法改变了，还是会因担心考试没考好而心灰意冷。

很多人无法走出生离死别的悲伤，因失去亲人而患上抑郁症，试图终结自己的生命。

上帝的事人力无法改变。我们唯一能做的是让自己学会面对。遇到不可改变的事情时，不为其所困；对待无法预知的事情，不忧心忡忡。

人的烦恼大多是因为：忘了自己的事，在意他人的事，担心上帝的事。

人的幸福，其实很简单，来自于内心的安宁。

拥有幸福人生的方法是：打理好自己的事，少插手他人的事，别担心上帝的事。

层次越高的人，越不会把时间花在这三件事上

* * * * * *

01　层次越高的人，越不会花时间去好面子

上周末朋友 A 的外甥结婚，拿了 8000 块钱的磕头礼，私下又准备了些钱以防万一。

我挺好奇，一般的彩礼钱就算是亲戚也不需要这么多的钱。她无奈地说，因为她大姐拿的这个数，这白纸黑字礼簿上大家都看着，而且还会现场报数，少了很没面子。

然而，A 大姐家开着厂子，一年的收入是她家的好几十倍。

“好面子”是我们生活中的一种普遍现象。许多人都有这样的心理，

把面子与尊严紧紧绑在一起，面子与形象绑到一起，面子与地位绑到一起。似乎只要面子攒足了，就能让人尊敬，得到重视，也显得自己的地位层次更高。

实际上，层次越高的人越不会花时间去好面子。因为他们更了解，“好面子”是要付出代价的。

《皇帝的新装》里讲了这样一个故事：

> 很久以前，有一个皇帝。他整天光想要最漂亮的衣服，不管国家的大事。
>
> 于是有两个骗子装成了裁缝，进了王宫，跟皇帝说他们能织出世界上最漂亮的衣服。
>
> 皇帝相信了两个骗子，给了他们许多金银珠宝。过了几天，“衣服”做好了，并说：“亲爱的陛下，只有聪明的人才能看到这件美妙绝伦的衣服！”
>
> 朝廷中的大臣为了显示自己是聪明的，纷纷夸奖这件新装。皇帝很高兴，但他实际上自己也没看到新衣，为了面子，皇帝穿着“新衣”大摇大摆地去街上游行。
>
> 百姓们为了掩饰自己的“愚蠢”，也都夸皇帝的衣服真漂亮。只有一个小孩说“他根本没有穿衣服”。

作为一国之君怎么会被骗呢？因为“好面子”，面子带来的虚荣心作祟。

“要面子”是一种正常的心理需要，但层次高的人知道，万万不可太“好面子”。做人的行事准则应该遵从自己的内心。不要过多地把时间花在“面子工程”上。

我们做事要尽力而为，量力而行，有一个度。万不可因“面子”失去了自我。

02 层次越高的人，越不会花时间在八卦上

“你知道吗？隔壁老张的女儿出嫁了。男方拖家带口的，孩子都好几岁了。这小姑娘家家的也不知怎么想的。”

“听说了吗？老李女儿又读书去了，都快 30 岁的人了，还不抓紧嫁人，这可就要嫁不出去了，还读什么书啊。”

“哎呀，梁家儿子离婚了，听人说还打老婆咧，造孽了咯！”

时常有人说，层次低是因为读书太少，想得太多。准确来说，层次低是因为关注自身太少，关注他人太多。

当我们把时间都花在关注邻里八卦上，把时间充斥在娱乐新闻里，哪里还有时间去提升自己？

少一些八卦碎语，并不会降低我们的生活乐趣。去八卦别人的事情，谁离婚了谁又结婚了，谁读书了谁又生孩子了……这些对你重要吗？这些对你今后的生活能造成重大影响吗？

似乎都没有。反而，一传十，十传百，事情传到最后脱离了事件本身的事实，造成的影响是：你成了八卦的传话筒，把事实夸大了，讲虚了。

比如老张的女儿，她只是喜欢男方才结的婚，变成爱男方钱爱慕虚荣才结婚。

老李的女儿因为想深造才读书，变成因为被人抛弃没人要才继续读书。

梁家儿子和妻子性格不合离的婚，却被警察调查是否有家暴倾向。

比起时刻注视着他人，不如多关注自身的生活质量。尽自己的一切努力让生活少点遗憾，多点精彩。

当一个人把他的精力和时间从关注八卦转向关注自身的成长时，才能拥有更高的层次。

03 层次越高的人，越不会花时间去靠别人

有一个佛教的信徒在屋檐下躲雨，看见一位禅师正在撑伞走过，于是喊道:“禅师！佛法不是讲求普度众生吗？度我一程如何？”

禅师道:“我走在雨里，你躲在屋檐下，而檐下无雨，何必需要我度你呢？”

信徒听禅师这样说，立刻走出屋檐，站在雨中，“现在我也在雨中了，应该可以度我了吧？”

禅师说道:“我也在雨中，你也在雨中，我没有淋雨是因为我带了伞，而你淋雨是因为你没有带伞。准确地说，不是我度你，而是伞度我。如果要度，不必找我，请自找伞吧！”

那信徒在雨中被淋得浑身湿透，他说:“不愿意度我就早说，何必绕那么大的圈子，我看佛法讲究的不是‘普度众生’，而是‘专度自己’！”

禅师心平气和地说："想要不淋雨，就要自己找伞。雨天不带伞，一心只想别人会带伞，肯定会有别人帮助自己的，这种想法是害人的。总想依赖别人，自己不肯努力，到头来必定什么也得不到。"

是的，人生的路要靠自己一步一步走下去。真正能让你周全的是你自己的努力。

层次越高的人，越是明白：与其花时间去寄生在别人身上，不如寄生在自己身上。

不乱好面子，是希望你坚定自我。不瞎八卦，是希望你关注自我。而最重要的，是需要你懂得只有自我能成就好的生活。

要相信，靠自己人生随时都有翻盘的可能性。

假如你的嘴比较笨，一定要看看

* * * * * *

01　理直不一定要气壮

有位朋友最近在闹离婚，夫妻俩原本有一笔小积蓄。她妈妈生病需要这笔钱解燃眉之急，但她婆婆想用这钱送他们出去玩一圈。

于是，这钱成了导火索，她在气头上打电话质问婆婆。婆婆觉得她讲话过分，只一心顾娘家。这边电话才挂，婆婆就打电话把儿子臭骂了一顿。里外受气的丈夫也火了，于是就到了要离婚的地步。

说实话，旅行和治病，明眼人都能掂量出哪头轻哪头重。朋友是属于占理的一方，但问题就出在她气头之上给婆婆打的这通电话。“理直”，那就把理讲明白，婆婆也是这么大岁数的人，不可能不理解大病就医的道理。只要她能稍稍地冷静一点，换个说话的口吻，把愤怒压一压，把事情给丈夫一家讲顺了，相信婆婆也是愿意把钱给亲家治病的。

“理直”应当气和，这样更具有说服力。

有次喝下午茶，刚点完就听到邻桌一位大叔高声喊服务员。服务员匆忙上前，大叔冷着脸指着桌上的茶说：“我一杯好好的红茶就被你们的坏牛奶给糟蹋了，怎么做生意的？”

服务员低声下气地赔不是，安抚着大叔又抓紧去换了一杯新的红茶，新鲜的柠檬和牛奶也一并摆在旁边。服务员很温柔，低声说：“这位客人，真是抱歉，我是不是能建议您，如果茶里放柠檬，就不要加牛奶，因为柠檬酸有时会使得牛奶结块。”

这位大叔听完脸都红了，匆匆喝完茶走了出去。

服务员没有直接点明牛奶没坏，只是客人自己处理方式不对，面对粗鲁顾客的无理责难，和颜悦色且不露痕迹地让顾客了解到是自己的失误。因为“理直”，婉转气和的方式也一样能达到效果。

生活当中，最好的谈话方式其实是理直气和。

02　说话得体才是妙

古时候有三个人同去赴朋友给儿子举办的“百日宴”。

看到刚过百天的孩子，一个恭贺道：“这孩子天庭饱满，日后定能当大官。”朋友大喜。

第二人也凑前看了看说：“这孩子印堂发亮，以后定能发大财。”朋友满面笑容。

最后一人也上前一步，接着说：“这孩子长大后命大，将来会慢慢老死而不是病死。”结果此人被轰了出来，还遭了朋友一顿打。喜酒没喝上，反倒“吃不了兜着走”。

说话要讲究分寸和技巧，这不是曲意迎合，与性格直不直是两码事儿。

有句俚语说：“量体裁衣，数人下米，看碟下菜。”也就是说，什么场合说什么话，说话不在多，更在于得体。

看无声喜剧的都知道卓别林，当年卓别林来中国访问，负责接待的人员特意在北京老字号饭馆全聚德设宴招待他。

全聚德的招牌菜就是烤鸭，卓别林品尝之下，很高兴。一名中方人员问：“卓别林先生，您觉得全聚德的烤鸭味道如何？”卓别林顿了顿，叹了口气说：“要说这味道真的相当不错，是人间至美的佳肴，可是我有遗憾呀！”

中方人员一听，不由得一愣，只听卓别林接着说道：“我遗憾的是，这要是回了美国后，我吃不到这么好吃的烤鸭了！”说完，他耸了耸肩膀，对面的中方人员，个个喜上眉梢，深为卓别林的话语赞叹不已。

这就是说话得体的表现，不但幽默风趣，而且巧妙至极，令人称赞。

03　生活里的嘴皮艺术

古人说“覆水难收”。说话就像泼水，泼出去的水是无法再收回来的，讲过的话也一样收不回来。

每天我们需要说多少句话？不知道，也没人去认真数过。生活中，说话是必不可缺的，我们更应该磨一磨这嘴皮子上的艺术。

所谓言谈，是一门值得深究的学问。文学家之所以文采飞扬，是因为能把一句话说成一百句话；得道高僧受人敬重，是因为能把一百句说成禅意深刻的一句。

对我们普通人而言，说话的力量也是无穷尽的。它可以把两个陌生的人变熟悉，也可以把两个熟悉的人变陌生。

说话有道，这个道我们可得慢慢磨！

人穷不可怕，心穷才可怕

* * * * * *

01　心穷的人，内心会缺少目标

小伙子因为不能接受女友的分手要求，将自己关在出租房内割腕自杀，最后被及时赶到的警察送往医院。

乍看这段新闻，还以为又是哪个痴情男子陷得太深，为爱冲昏了头，做出了不明智的举动。直到了解了背后的故事，才知道这其中的原委。

这对小情侣是大学同学。小伙子来自农村，家境不好，上学时日子就过得紧巴巴。女孩来自三线城市的小康家庭，是家里的独生女，父母宠爱有加。小伙子对女孩特别好，疼爱有加。两个人的感情也很稳定。几年过去，到了毕业，双方面临选择，小伙子想去大城市发展，而女孩要回自己的老家。最后经不住小伙子苦苦哀求，女孩跟着小伙子来到了现在居住的城市。

像所有怀揣梦想的年轻人初到城市里一样，小伙子充满了干劲。虽然一开始两人对自己找的工作都不是很满意，但毕竟有了工作就可以赚到钱，这对刚毕业，一心想在这个陌生城市留下来的年轻人而言，是一种最好的安慰。

女孩也被小伙子积极向上的劲头打动了，起初她有些怀疑自己的选择，但看到小伙子那么上进，就把心放到了肚子里，下定决心要和自己心爱的人共进退。

好景不长，没过多久，小伙子所在的公司因经营不善倒闭了，欠了一屁股债的老板人间蒸发。此后小伙子又陆续找了几份工作，因各种问题，都没做长久。就在最后一次失业找工作的间隙，小伙子迷上了一款风靡全国的网游，从此精神面貌一落千丈。

工作也不找了，每天就躲在家里玩游戏，经常玩到凌晨还不睡觉；对女孩也不再像从前那样关心，有次她来“大姨妈”痛得死去活来也不过问一声……最初经常谈及的理想和未来，早就被他抛到了九霄云外。

就这样过了大半年，女孩实在不堪重负，在几次劝说无效后，女孩忍无可忍，提出分手，于是就出现了文章开头的一幕。

经济上的贫穷并不一定会击垮一个人，很多时候，它往往还能激励一个人奋进，让人带着知耻而后勇的决心和毅力去改变现状。而心穷的人，内心没有了目标，没有了信念，没有了勇气，丧失了奋斗的动力，每天浑浑噩噩地混着日子，如同行尸走肉一般，这样的人生是无望的。

人穷并不可怕，可怕的是心穷。

02 心穷透了，谁也没办法救你

曾看过一个富人和穷人的故事，深受启发。

有一个富人，每天回家下车都会看见一个穷困潦倒的要饭人守在路边。

那富人一开始不理要饭人，直到有一天被一个过路人看到，他看看富人开的豪车，再看看守在一边饿得干瘪的穷人，摇摇头说，这富人心不慈善。

富人听到了，走来对过路人说：我这样做恰恰是慈善，他守在这儿要饭越是要得着，越不想去劳动致富。过路人摇头，说富人站着说话不腰疼，穷人没路，有了路自会去谋生。

富人说，咱试试看。

第二天富人下车，走到要饭的跟前，给他三张大票，说：“我最初就是 300 元钱做小买卖起家，现在同样给你这么些钱，你自己去谋生，干点什么吧，别在这儿要饭了。”

穷人见钱眼开，满口应诺，从此半月没见。过路人正以为富人这钱给对了，谁知，那穷人把钱花完又回来了，还是站在原来的位置，伸出讨乞的手。

那个富人从此再也不理会这个穷人。

可怜之人必有可恨之处。人穷不是什么要命的事，心穷才是。

哀莫大于心死，穷莫大于心穷。心穷透了，谁也没办法救你。

03　人穷不能志短，身穷不能心穷

对于一个人来说，你可以家境不好，可以没钱，可以没权力……但是，你必须至少要有一项谋生的能力。没有人是注定一辈子贫穷的，努力不一定会有结果，不努力却一定不会有结果。

人穷不要紧，只要有志气，敢打拼，最终可以一步步走出人生困境的。

切记，人穷不能志短，身穷不能心穷。不论何时，一定要有梦想和坚持，这样人生才能发光发热。

而心穷的人，和咸鱼有什么区别呢？

不要考验人性，它根本不堪一击

* * * * * *

01　人性使然

曾在一档情感节目里看到一位女性回忆初恋往事。

那年，她还是个大学生，遇到了自己人生中的挚爱——初恋男友。男友是她的同班同学，清瘦俊朗，乐观朴实，对她更是无微不至。

他们甜蜜地度过了大学生活，毕业的时候，女孩要回老家，男孩没有犹豫，辞掉了原本已经找好的工作，陪她回了老家，很快找到了一份稳定的工作。

男孩一如既往地对她关爱有加，没过多久，他们就开始了谈婚论嫁。某天，在和父亲商量订婚事宜的时候，父亲随口一句“别是为了图钱就行”，让她突然对这段几年的感情有了第一次怀疑。原来，她父亲是做煤炭生意的，有自己的煤矿，家底不是一般的殷实。

强烈的好奇心使她终于决定试探一下自己的未婚夫，她想，只要过了这关，她就可以彻底放心了。

于是她让父亲出面，用 50 万元的条件让他离开她。50 万元，这在十几年前，还是相当庞大的一个数字。他生在农村，父亲患糖尿病没钱治疗，家里还有一个弟弟刚读初中。最终，他收下了这笔“分手”费。

她和他没再见面。只是在后来相当长的一段时间里，她几乎每个月都能收到他寄来的钱。节目里她动情地说：“他一定是在偿还，不论是钱还是情，但我早就不怨他了。”

一边是相爱多年但显然不够信任自己的未婚妻，一边是终于有救治机会的老父亲和可以继续求学的弟弟。痛苦而又漫长的挣扎后，他选择了后者。

是女孩自作聪明，使原本心无旁骛的男孩陷入了两难的困境。人越是陷入两难的境地，就越会权衡利弊，这是人性使然。

想起李碧华写过的一句话:“不要考验人性，千万不要——它根本不堪一击。”

02　不要掐着一个人的软肋，去考验他的人性

丹麦著名医学家、诺贝尔奖得主芬森晚年想培养一个接班人，在众多候选者中，芬森选中了一个叫哈里的年轻医生。但芬森担心这个年轻人不能在十分枯燥的医学研究中坚守。芬森的助理乔治提出建议:让芬森的一个朋友假意出高薪聘请哈里，看他会不会动心。

然而，芬森却拒绝了乔治的建议。他说:“不要站在道德的制高点上俯瞰别人，也永远别去考验人性。哈里出身于贫民窟，怎么会不对金钱有所渴望。如果我们一定要设置难题考验他，一方面要给他一个轻松的高薪工作，另一方面希望他选择拒绝，这就要求他必须是一个圣人……”

最终，哈里成了芬森的弟子。若干年后，哈里成为丹麦医学家，当他听说了芬森当年拒绝考验自己人性的事，老泪纵横地说:“假如当年恩师用巨大的利益做诱饵，来评估我的人格，我肯定会掉进那个陷阱。因为当时我母亲患病在床需要医治，而我的弟妹们也等着我供他们上学，如果那样，我就没有现在的成就了……”

和上文的男孩多么相似的境遇，卧病在床的父母，需要照顾的弟妹。这个时候，突然有了这么一个机会，只要放弃自己的爱人或是热衷的科研事业，亲人们就可以更好地生活下去。想必谁都很难拒绝这样的诱惑吧。

世上没有圣人，谁都有自己的软肋，不要掐着一个人的软肋，去考验他的人性。显然，芬森看透了这点，而女孩没能。所以他们一个收获了得意弟子，一个失去了未婚夫。

03 又何必把人逼入绝境

大四那年我在一家外贸公司实习，职位是总助，因而接触到了很多基层员工不会知道的事情。有一件事让我印象特别深刻。

当时老板想成立一家分公司，打算把一位从创业起就跟随他的经理提拔成分公司老总。于是设计了一个考验，装作忘记了一笔他已经付过的开销，看看经理是否会拿这笔钱来报账。结果经理中招了。

记得他把经理叫进办公室说：没想到你这么经不起考验，这么一点小便宜都想占，叫我怎么能放心把分公司交给你。那个经理一直低着头，很尴尬的场景。

事后老板还不忘教育我说：你要记住，如果将来有一天你做领导了，对下属不能太信任，很多事一试就原形毕露。

我当时就很不能理解，那么一点小钱能试出什么？可能是经理疏忽记错了，退一万步讲，就算是他想占点便宜，相对于他的工作能力和勤奋程度，那点小钱太微不足道，何必为此撕破脸皮。

果然，没多久那个经理就辞职了。而就我对他的了解，整个公司都找不出一个比他更负责更勤奋对行业更熟悉的员工了，就因为那个所谓的测试，使他最终转身奔向了竞争对手的怀抱。

一个在你创业时就跟随你的得力助手，陪着你一步步把企业做大，能一起走到今天，本就通过了重重考验，你又何必再画蛇添足，把人逼入绝境。

04　不要去考验人性的底线

一只花瓶有多坚固，恐怕只有你摔碎它的时候才知道。

一个人有多坚强，恐怕只有你触碰到他的底线和极限的时候才知道。

那个时候，花瓶已经粉身碎骨，你看到的再也不是坚固，而是脆弱。

那个时候，人已经堕入心魔，你看到的再不是良人，而是炼狱里的修罗。

不要用极端的方式去考验人性的底线，因为你得到的，可能会是一地碎片。

“永远不能用错误的方式去做一件正确的事情，即便你内心怀有如何的热血和正义。”很喜欢这句话，用来评价“考验人性”这件事，也非常合适。

一个很浅显的道理：你给一个没有准备的人下绊，绊倒了是正常人，绊不倒那才叫不正常！

既然明知正常人都会倒，你又为何非要去绊倒他呢？

美好的婚姻，就是遇到对的人

* * * * * *

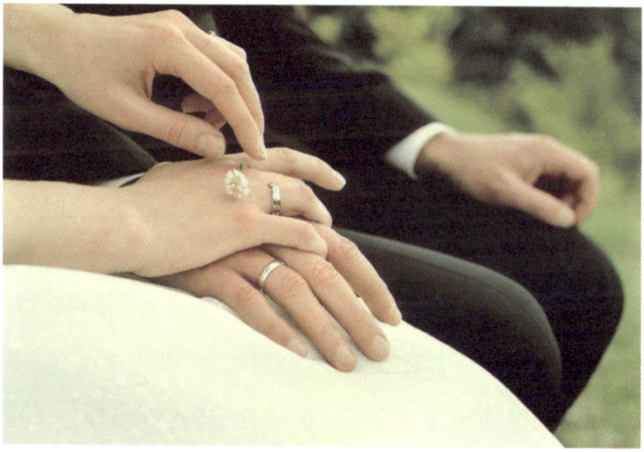

婚姻是我们一生中需要经历的最重要的事情之一，每个人都渴望得到白首不分离的美好婚姻。然而，或许没有几个人会意识到，那些最终白头偕老的夫妻，往往是彼此遇到对的人。

01　和值得托付的人结婚

俗话说，好的开始是成功的一半。美好的婚姻，要遇到对的人。选择婚姻，一定要和值得托付的人在一起。

一个经常被人讨论的问题：爱自己的人和自己爱的人，该选择哪个？如果我们试着换个角度来思考这个问题，那么答案或许会容易一些——谁更值得你托付，你就选择谁。

你不能保证自己会爱一个人多久，同样，爱你的人也不见得会爱你一生，所以没必要在爱情上下过多的赌注，为谁爱谁多一点而纠结万分。

毕竟，最深沉的爱恋在经历过生活喜忧参半的重重洗练之后，也终归是化为淡而醇香的亲情了吧。没有哪段激情可以长久并且有力到支撑彼此从黑发走到白首。

婚姻是彼此的托付和共同的跋涉，比起激情，忠诚度、责任心、上进心、三观是否契合、目标是否一致等方面更值得我们去考量。

人生这一路，存在太多的变数，谁都有可能在半路上抛下你独自离开。如果你想找一个可以陪伴你走到终点的人，请务必确保他是一个值得托付的人。

02　和他的习惯结婚

有人说，长久的婚姻就是一次又一次地相互妥协。这句话说得很对。

不要一听到“妥协”两个字就觉得很悲观。有针对性地理性妥协，是我们处理生活中各种矛盾最有效的手段之一。

同一个个体尚且会自我矛盾，会为晚上究竟是吃火锅还是日本料理而内心斗争许久。更何况两个不同的个体长久相处在一起，不论是思想上还是习惯上都会发生冲突。这个时候如果没有人选择妥协，非要争个你死我活，分个高低上下，最终的结局只能是两败俱伤。

如果你自认为选了一个还算对的人，想和他继续好好走下去，那么接下来，就和你爱人的习惯结婚吧（当然不能是恶习），希望你可以用最大的包容去尊重它、接受它。

不要试图让你的爱人和你保持高度的一致，也别指望他会在短时间内将保持了几十年的某些生活习性彻底改掉。如果你们各自的喜好并不会严重影响彼此的生活，为什么不可以是兼容并包呢？

妥协没什么不好，都是彼此最亲爱的人，相互让一让，让感情更融洽，生活更温馨，你说是吃亏了还是赚了呢？

幸福的婚姻，一定需要相濡以沫的支持和理解。

03 和他的“背景”结婚

婚姻不是简单的两人之间的事，会牵扯到两家人，甚至更多的人。

你在选择接受他的时候，就意味着接受了他的家人和朋友。从今往后，你都要试着和这些原本毫无关联的人去打各种各样意想不到的交道。

你可以不全盘接受，甚至可以不喜欢，但一定要保持最基本的礼貌，毕竟你的爱人在认识你之前，就已经和他们有了各种各样的交集。

当然，如果可以，还是希望你可以接受他们，甚至是试着去爱他的家人。

只有彼此包容，你们的婚姻才真正走入了稳固的状态。这也诠释了婚姻中一个深刻的道理：你的另一半不仅属于你，还属于他的父母和朋友，更属于他自己。他的生活不该完全绕着你转，而应该有更多的私人空间和个人追求。

许多夫妻结婚多年，还是没能走到这第三个境界，他们对待婚姻，依然还是以自我为中心，不待见对方的亲朋好友，不理解对方的个人追求，只希望他能按着自己的想法来。这样的婚姻，越到后面，越是艰难。

找一个值得托付的人，然后相互包容，再和谐地融入彼此的大社交圈中，真正做到不分你我、水乳交融，这样的婚姻才能最终走向幸福美满。

《芳华》：
冯小刚讲述的一代人的青春往事

* * * * * *

01　两个50后的青春记忆

“大概在 4 年前，冯小刚导演跟我说，我们俩拍一个文工团的电影吧，你我都是文工团的，我现在特别怀念那段生活。我说好啊。”

2017 年 8 月 17 日，上海书展《芳华》读者见面会上，严歌苓对台下数百名书迷讲的这段话，正是电影《芳华》创作的初衷。

两个 20 世纪 50 年代末出生的人，有着几乎同样的青春经历：冯小刚曾在文工团从事舞美工作，严歌苓则跳了整整 8 年的红色舞蹈。军队、舞台、光影、声色……这些元素交织在一起，构成了他们共同的青春记忆，谱写了属于那代人独有的青春旋律。

所以，当年近花甲的冯小刚找到同样年纪的严歌苓，说想要拍一部有关文工团的电影的时候，严歌苓没有丝毫犹豫。最终，冯小刚在严歌苓的字里行间找到了自己想要的东西，并通过他最擅长的表达方式向我们娓娓道来。

于是我们看到了电影《芳华》。

02 绕不过的红色情结

每个人的一生中，20 岁上下的年纪，总是最难忘的一段时光。那是我们一生中的黄金时代。

生活还没有彻底露出狰狞的面目，躁动在年轻的血管里跳动，理想和爱像是插在每个人心头的一面旗帜，指引着大家奋勇追逐。

如果要给 20 世纪六七十年代的青春定一个基调色，毫无疑问是红色，那是身在红旗下、长在红旗下的那代人绕不过的情结。

于是王朔写了《动物凶猛》,姜文用它拍了《阳光灿烂的日子》;严歌苓写了《陆犯焉识》，张艺谋用它拍了《归来》……他们都在用各自不同的手法讲述着属于那个年代的红色往事。终于，文工团出来的冯小刚来了，带来了他挚爱的《芳华》与满屏喷薄而出的红色。

影片一开始便是鲜红的党旗映衬下的伟人画像，之后，红色的革命标语，练功房里的红旗，女兵手上的大红绸，军卡上烈烈飘扬的红旗，军帽上的红五星，军装上的红肩领，白大褂上的红色鲜血等镜头一一而过，给观众的视觉造成了极大的冲击，十足的年代感和画面感使每一位观影者都仿佛身临其境。

影片后半段，文工团的解散对应了共和国历史上百万大裁军的开始。从此，“红色”在“以经济建设为中心”的新时代浪潮中偃旗息鼓，电影的色彩基调开始转暗，一个时代宣告结束，一代人的青春也就此落幕。

03　文工团就是那个年代的象牙塔

在那个高考停止、大学停招的年代，数以百万计的年轻人走上了参军戍边、上山下乡的道路。从此，祖国的边疆大漠、林海雪原、荒野沼泽都留下了属于那代人的特殊记忆。

相比较而言，文工团就像我们今天这个时代的大学校园，透着更浓烈的青春荷尔蒙的气息。宿舍、食堂、舞台、乐器、板报……冯小刚将它们装进了自己的镜头，于是我们看到了那个年代的青年才俊在象牙塔里的真实生活。

他们从全国各地经过层层选拔进入了文工团；他们各个长相端庄，身怀绝技；他们年轻蓬勃，阳光朝气。

正如萧穗子所说：“我们都是从五湖四海给挑来上舞台的，三十多年前，从我们那座红楼里出来的，都是军版才子佳人，找不出一张面孔一副身材让你不忍目睹。”

冯小刚将最诗意最唯美的镜头都给了文工团的这些才子佳人的日常生活。

练功房里，姑娘们在排练。阳光从老式木窗的缝隙里透进来，映照在酒红色的木地板上。年轻的姑娘们正跟着节奏翩翩起舞，她们身姿绰约，长腿白皙，晶莹的汗珠从她们的额头顺着眉梢慢慢流淌下来，滑过精致的脸庞和柔美的脖颈。

泳池边，年轻的男女们在戏水。穿着泳装的年轻人大胆地将自己美好的身姿展现在众人面前，完全没有那个年代的遮掩和羞涩。泳池里四溅的水花，姑娘们如花的笑靥，还有那此起彼伏的嬉笑打闹声，无一不在展示他们热烈而奔放的青春。

就像所有青春期的年轻人一样，他们也会叛逆、攀比、耍小脾气，也有相互间的偏见和矛盾，也爱偷偷追逐时尚和潮流。

在那个同样叫作青春的年代，他们挥洒着和我们并无二致的热情和活力，只是最终溅落在了不同时代背景的画板上，勾画出了与今天截然不同的青春画面。

04　大时代下的小人物命运

《芳华》的故事背景长达整整 20 年，从 20 世纪 70 年代一直跨越到 90 年代。这 20 年里，共和国经历了“文革”、拨乱反正、恢复高考、对越自卫反击战、大裁军、改革开放等一系列大事件，任何一件事都对今天的我们产生了至为深远的影响。

在这 20 年轰轰烈烈的大变革中，一代人的青春也随之绽放、凋谢。

没有人可以在历史的滚滚洪流中独善其身，大时代下的小人物，只能接受命运对自己的安排。

“活雷锋”刘峰，原本是文工团的模范标兵，因为向林丁丁倾诉了爱慕之心，最终被无法接受“偶像坍塌”这一幕的林丁丁诬告为耍流氓，被下放到了伐木连。第二年，对越自卫反击战打响，刘峰上了战场并失去了一条胳膊，从此丧失了一半劳动能力。退伍后，他过着清贫的生活，还时不时被人欺负。

何小萍的一生，也一样命运多舛。最爱她的父亲被划成右派送去劳改，至死他们都没有再见面。从小受到亲人歧视的何小萍以为来到文工团，就可以过上新的生活，可她依然没有摆脱被奚落被歧视的命运。团里唯一照顾她的刘峰被人诬告离开文工团后，她开始变得消极怠工，也终因此被送上了战场，成了一名卫生员。战后，受到极大刺激的她精神失常，虽然此后康复，但也过着清贫的生活。

刘峰和何小萍，两个普普通通的来自这个社会底层的人，不管这个时代如何改变，他们还在坚持着自己心底的操守和处事原则，过着旁人看来清贫却自觉问心无愧的踏实生活。

“他们从未结婚，却待人温和，彼此相偎一生。”

05　青春总会落幕，但回忆可以讲述

再轰轰烈烈的年华，最终也不过是回忆里的一段情节而已。当时代落幕，所有的一切终究会回归于平静，年轻时经历过的璀璨和

伤痛最终也无非只是各自青春里的一个注解，故事总要讲完，青春总会落幕。

但总有那么一个人，承载着你青春的回忆，陪伴你度过了生命中最好的芳华。

你会永远记住他。

所谓情商高，就是会说话

⋆ ⋆ ⋆ ⋆ ⋆ ⋆

有一句话说，高情商低智商的人总有贵人相助；低情商高智商的人，总觉得生不逢时。

其实与人相处最重要的不是智商，而是情商。

所谓情商高，就是会说话。愚蠢的人用嘴说话，聪明的人用脑子说话，智慧的人用心说话。

01 愚蠢的人用嘴说话

昨天和老朋友聚餐。饭桌上，一位研究生学姐问我们工资多少。大家都避而不谈，只有一个人打圆场说："咱们几个本科毕业生都差不多一个水平，属于只够养活自己的月光族。"

这个答案显然不是她想知道的。于是她指着我问："姗姗，看你朋友圈生活那么有意思，你应该工资很高吧？"

我一直觉得工资是个人隐私，就像我不喜欢被问年龄一样。于是我就尴尬地说："跟大家差不多啦。"

可她继续大声追问："那你就说上个月发了多少工资吧？"我无奈之下，随口说了四千五。没想到她又来一句："这么少啊？我学长做技术的，实习工资都一万多。我想我找实习工作起码不能低于一万吧，你都工作一年了，才这么点……"

我像是在公众场合被人打了个巴掌，尴尬之情可想而知了，我努力保持微笑说："嗯，行业不同，学历也不同嘛。"

没一会儿，这顿饭就草草结束了。她一直在炫耀她的研究生朋友在哪些大公司，怎么个厉害法儿……

学姐的智商很高，不可否认。但情商真的和智商没关系。她不顾别人的尴尬，揪着敏感话题深挖到底。也许在她看来没什么，但别人根本不想继续和她聊下去。这类不会说话的人很容易被拉黑。

所谓情商高，就是会说话。情商低的人，只会用嘴说话，不过脑子。

02　聪明的人用脑子说话

我很欣赏两位女星，一位是林志玲，一位是杨幂。她们都是娱乐圈有名的“高情商女人”。林志玲 30 岁才以模特身份进娱乐圈，当时很多人都嘲笑她只是长得漂亮，靠撒娇卖萌上位。

我想，面对这样的诋毁，任何人都会很生气吧，何况她还是女星。但，林志玲没有生气，而是礼貌回应说：“花瓶吗？很好啊，这也是对外表的一种肯定方式，我会把它看作赞美，再说声谢谢。当然，如果你真的对这只花瓶感兴趣，随着时间的推移，你会看到一个真实的我。”

情商高的女人，用脑子说话。因为她知道，打败负面评价最好的方法是时间，时间会让自己变得更好，大家都看得到。越是哭诉、辩解，就越显得自己蠢。

情商高的女人还懂得用脑子化解尴尬。林志玲在和梁朝伟合作《赤壁》时被记者说“你跟梁朝伟身高就不搭”，梁朝伟笑得有点尴尬，林志玲则打圆场说：“男人的气度要远胜于高度。”

同样，杨幂也是个聪明的女人。杨幂在《金星秀》节目上被问到女星最尴尬的整容问题：“有人把你、黄圣依、刘亦菲、王珞丹称之为‘四小花旦’，你们四个人里谁动刀最多？”

杨幂神回答：“我！因为我生过孩子了呀！”

金星又问：“你跟唐嫣是好闺密，如果你老公刘恺威和唐嫣掉河里你救谁？”杨幂则淡定回答：“我指挥我老公去救唐嫣，赶紧去，别让她呛着。”

情商高的女人，说话前都会过脑子。如果别人故意出难题让你尴尬，你就更要微笑着接招。

03 智慧的人用心说话

很多人都很佩服蔡康永，说他是主持界的扛把子，有他在的节目，一定不会尴尬冷场，因为他的情商非常高。

他还曾出过一本书，叫《蔡康永的说话之道》。他在书里说：“我的说话之道，就是把你放在心上。”

的确，他主持节目的姿态一直都很儒雅，别人说话的时候，他耐心听着，从不抢人风头。向嘉宾提问，简洁又犀利，如果对方支吾着回答不出，他就马上打圆场，化解尴尬。他永远会顾全在场的其他人，既不会忽略他们，也尽量不会让他们难堪。

他的搭档小 S 说：“跟康永哥聊天绝对不会被刺伤，还被他附带的一两句小夸奖逗得心花怒放，他看起来那么真诚，不滑头，让人不爱都难！”

以前我觉得人和人之间真诚坦率一点，不好吗？有话直说才是美德。学蔡康永的说话之道，无非是当个捧场王。

可我现在慢慢知道，说话前三思是对别人的尊重，也能让自己在别人心里留下好的印象。

有些人一张口就让别人哑口无言。他还以为是自己厉害，其实别人已经在内心默念“不与傻瓜论短长”。

所谓情商高就是会说话。情商高的人说出来的话是先倾听别人的心里话，边听边想，再站在对方的角度来说。所以他们的话才更容易受到大家的欢迎。

学做一个情商高的人，温柔对待他人，必定也会被这个世界温柔以待。

Part 4

不是所有人都配得上你的孤独

愿我晚点遇到你，

你刚好成熟，我恰好温柔。

男人再有钱，都不如你自己有钱

* * * * * *

01　家庭主妇不好当

昨晚，朋友阿慧给我发来信息，告诉我她要离婚了。

阿慧是一名家庭主妇，她的丈夫开了一家小公司。他们识于微时，两个人从一无所有，到如今已经在这个城市站稳了脚跟，他们曾一起度过了很多苦日子，现在苦尽甘来，感情却走到了终点。

她说，那时候丈夫要创业，所有人都不看好他，只有她始终相信并支持他。开始的两年，丈夫几乎没赚到什么钱，是她一人打两份工才撑起了整个家，后来他的事业蒸蒸日上，两个人的生活条件越来越好，他向她求了婚，他动情地说:“阿慧，以前你跟着我吃了不少苦，以后你就安心在家休息吧，我不会再让你受委屈了，我养你！”

阿慧笑着答应了，辞去了工作，在家当起了家庭主妇。刚开始的那段时间，他们的日子甜美、和谐，现在回想起来，他对她的态度转变是在她生孩子之后。

婚后一年,阿慧生下了一个男孩。为了照顾孩子,很长一段时间里，她都没有睡过一次好觉。给孩子喂奶、换尿布等一切琐碎的事情，他一开始还帮着搭把手，没过多久就不耐烦了，说自己工作忙、没空……

02　你好意思要求那么多？

丈夫对她越来越冷淡了，之前的柔情蜜意已经荡然无存，他开始挑剔她随便的穿着打扮和她产后不完美的身材，常常说她“你就不能收拾收拾自己，看看你现在是什么样子”。阿慧觉得很委屈，她曾经也是个爱美的姑娘，但婚后一心扑在家庭上，连照顾孩子都顾不过来，哪还顾得上每天妆容精致、光鲜亮丽？

渐渐地，阿慧发现丈夫在外应酬的次数越来越多，晚上回来得也越来越晚，回到家里倒头就睡，话也不跟她讲一句。她去问他，他就不耐烦地说，我还不是为了去赚钱？我不赚钱你来养家啊？！

又是一天晚上，丈夫再次喝得醉醺醺地回家。他睡着之后，阿慧忍不住去翻了他的手机，发现他跟好几个女人的暧昧短信，用词露骨。

阿慧对此早有预感，她忍了又忍，还是把他叫醒，质问他是怎么回事。丈夫见她发现了，非但没有向她解释，反而大发雷霆，骂她偷翻自己手机，在争吵的过程中，他说了一句伤透她心的话："你每天在家什么也不干就靠我养着，还好意思要求那么多？"

阿慧听了这句话，彻底寒了心。她从来不是那种不会赚钱、只能靠男人的女人，只是因为他说要养她，她才安心做起了家庭主妇，在家把家务料理得妥妥帖帖，希望他回家时能舒服一些。没想到在他心里就没有一点地位了。

03 "我养你"是最大的谎话

阿慧对我说，男人说的"我养你"真的是天下最大的谎话，如果女人真的把这句话当真了，傻乎乎地在家当家庭主妇，那么迟早会吃大亏，即使当时他是真心这么说的，时间一长，也会厌倦你、看轻你。

在征得她同意之后，我决定把这个故事写出来。阿慧的例子并不是个例，很多读者也经常在后台留言中问我这样的问题：为什么当时说养我的是他，现在嫌我不会赚钱的还是他？

这个问题其实很好回答。当时追你的时候，你年轻漂亮、经济独立，是他喜欢的样子，如果他的话不那么甜蜜动听，你怎么会为他退出职场，心甘情愿洗手做羹汤。

现在结了婚，你收起了爱玩的心，收起了裙子和高跟鞋，换上了家居服，每日在家忙于家务，不再像从前那样精心打扮自己。于是他开始觉得你不修边幅，不像他公司里那些女同事一样光鲜亮丽，你做的事他视而不见，觉得都是理所应当，又对你的其他方面挑三拣四，责怪你为何不能上得厅堂下得厨房。

恋爱的时候，两个人对未来生活总是充满美好的期盼，以为有情饮水饱。婚后大事小事都要花钱，如果你没有经济收入，全家的重担都压在他一个人身上，这时候，他不可能没有怨言，直到这些负面情绪把他对你的爱都消磨掉，剩下的就只有怨气了。

04　靠谁都不如靠自己

女人不管是在什么情况下，手里一定要有点钱。经济独立才是你婚姻的底气，你不需要依附着对方来生活，他也没有理由对你颐指气使，因为你们是平等的夫妻关系，而不是花点什么钱都要看他眼色，唯唯诺诺。

如果你没有经济来源，你就只能靠他养活，他不会因为你做家务做得好而心怀感激，反而会觉得你像个黄脸婆，面对他的吹毛求疵，你也只得忍气吞声，还要整天提心吊胆地担心他在外面有外遇，明明在自己家里，却仿佛寄人篱下一般——这种生活，真的是你想要的吗？

那句“不要把所有鸡蛋放在同一个篮子里”的谚语你是听说过的，但是你又为什么把所有希望都寄托在这个人的身上呢？他的钱再多，你不能随心所欲地花又有什么用？你的钱再少，能自由地让你自己支配也足矣。

如果你自己会赚钱，看上一件衣服，可以买下来；想出去散散心，就安排一场说走就走的旅行。不用伸手找他要钱，这种踏实的感觉是谁都给不了你的。

经济独立，才能赢得他的尊重。你要有这样的生活态度：有了你，我能过得很舒服；没有你，我一样过得很好。这才是健康的夫妻关系。

请记住，男人再有钱，都不如你自己有钱，靠谁，都不如靠自己！

不愿为你花钱的男人，请他恢复单身

* * * * * *

01　这样的男人不要出来祸害姑娘了吧？

大学室友曾和我吐槽过她的奇葩前男友。

毕业那年，为了准备某考试，她留在学校复习，正好室友男友去她学校备考司法考试，就在教师宿舍楼租了房，两人每天一起吃饭上自习。

那阵子室友有点月经不调，看了医生，医生说每天喝豆浆可以平衡雌激素，于是她每天午餐的时候都会买一杯豆浆喝。

谁知几天后，她那个奇葩男友居然说：“调节内分泌可以用其他办法啊，干吗浪费钱！”

浪！费！钱！

喝食堂一块钱一杯的豆浆，他居然说是浪费钱！最关键的是，这还不是用的奇葩男友的钱，是室友自己的钱！

这里要补充一点，奇葩男友家里条件并不差，至少和我室友家是差不多的条件，三四线城市小康家庭。他为自己花钱的时候从不手软。

奇葩男友的神奇脑回路是：两人在一起，只有用在他自己身上的钱才是该花的，其余的钱都要省着花，这叫“会过日子”。

那件事情之后，室友已动了分手的念头。

后来他们毕业了，一起找工作租房。第一次租房，押二付三，都没钱。室友只好问家里要了钱，把房租押金都付上了，所剩无几。

奇葩男友从头至尾一声不吭，等交完钱签好合同拿到钥匙，丝毫不觉得违和地跟着搬进去了。室友当时也没有和奇葩男友提共摊房租的事，她想着既然一起生活了，就不要太分彼此，房租她一个人付了，后面生活上就让奇葩男友多照应着点。

很快，室友剩下不多的钱就花完了，第一个月的工资还没发，要到没钱吃饭的地步了，室友只好向奇葩男友要钱。

令人下巴掉到地上的一幕发生了！奇葩男友居然哆哆嗦嗦地从口袋里拿出一张皱巴巴的 20 块钱塞给室友，语重心长地说了句：“省着点花，后面要花钱的地方还多着呢！”

那天室友肺都要气穿孔了，整颗心拔凉，二话不说，坚决果断地和奇葩男友一刀两断，在经过长时间艰苦卓绝的斗争后，终于做出让他滚出出租房的决定。

你们以为结束了吗？并没有！

过了几天，高潮来了！

奇葩男友发消息给室友说：分手前最后那场电影的钱是我付的，以前我们都是 AA 的，所以，把另一半钱转我一下吧。

我听到这里的时候，整个人都蒙圈了。

这样的男人太可怕了，他不是穷，也不是消费观念落后，而是完全没有把自己的女人放在心上。

好在室友和他交往时间并不长，陷得也不深，及时从那段不堪回首的感情中抽离出来了。

真心希望这样的男人不要出来祸害姑娘，请选择孤独终老好吗？

02　他只是不愿意为你花钱

曾在天涯上看到过一个帖子。

一个男的追一个小姑娘，男人对姑娘可以说是温柔备至，关爱有加。每天发早晚安这些套路自是不必说了，时不时制造个小惊喜。

总之就是，只要不提钱，简直就是不折不扣的好男人。姑娘很快就在男人的柔情攻势下沦陷了，并且越陷越深，不可自拔。

但他们热恋的时候姑娘总是觉得有些什么不对劲。其实就是有时小姑娘想让男的给她买点东西，男的总有千万种理由推脱，或者想方设法地换成廉价的东西做替代品，而且男人总有办法把小姑娘说得心服口服，最后心甘情愿地放弃。

可以说这男人是巧舌如簧。

让人不解的是小姑娘还经常在朋友面前为男人开脱，说节俭是好事，会过日子。

由于各种原因两人分手了。等到姑娘再见他的时候，他已经订婚，而未婚妻手上戴着的正是当年她想买、他嫌贵的那枚戒指。

原来，他不是节俭，他只是不愿意为你花钱。

03 考虑一下别人的感受

我有一个朋友，是朋友圈出了名的“节俭大神”。

不管买什么东西，都一定会货比三家，追求终极性价比。他可以为省几块钱，骑车到离家很远的超市买日用品，就因为那个超市的价格要便宜一些。

后来他恋爱了，我经常劝他对女朋友大方一些，他回我一句：还用你说？

起初我是不怎么相信他的，直到我亲眼所见。

有一次，我在逛街的时候遇到他和女友，就一起聊了一会儿。我们经过一家甜品店，是他女友很喜欢的一家店。这家店推出了一款全新的抹茶蛋糕，外观精致小巧，看起来像件艺术品，价格自然也不便宜。

我那朋友没等女友开口，居然主动和她说：“你要想试一下，我们就进去吃吧。”

然后我也不知道为啥就一起跟着进去了。

后来一吃，都觉得被坑了，他女友首先后悔道：“味道很一般啊，根本不值这个价。”

我那朋友说：“我知道啊，也就看着精致而已。”

他女友说：“那你怎么还陪我进来吃？”

朋友说：“你不吃过，怎么会死心呢？”

我当场就被虐到了，一个劲地说：“你们够了啊，考虑一下看客的感受。”

如果爱上一个人，想必是愿意为她付出所有的吧。

这是我当时内心最深的感受。

04　你在他心里，分量够吗？

张爱玲说：“花着他的钱，心里是欢喜的。花他的钱，不是因为女人的贪婪。因为女人也不是随便哪个男人的钱都会拿来花的，同样是过尽千帆的慎重选择，女人用可否花到他的钱来验证他的爱，而男人是用她是否愿花他的钱来试探她的爱。所以一个男人愿意他所爱的女人花到他的钱。”

是的，一个男人是绝对愿意他所爱的女人花他的钱的。如果他不愿意，那么答案只有一个：你在他心里，还不够分量。

那些不愿意为你花钱的男人，可能也会甜言蜜语地说：我爱你，你是我的全部，我愿意把最好的都给你。

但一到了需要表现的时候，他瞬间就把说过的话都忘了。

上一秒还说愿意把最好的都给你，下一秒就装作连一块蛋糕钱都付不起。

如果你很不幸地，在将来遇到或已遇到这样的男人，千万记住：立刻马上，请他恢复单身！

真正有气质的女人，都很高级

* * * * * *

01　林徽因的气质

重读林徽因的《你是人间四月天》这本诗集，忍不住还是要为林徽因的才情竖起大拇指。

常听说这样一句话：一等女人拼气质，二等女人拼实力，三等女人拼背景。

说实在的，这三样林徽因都占全了。而至今我们仍然津津乐道这个女子，无非是被她的才情所折服。才情是什么？才情是一个女人所流露在外的气质。

卢梭说过这样一句话：“一个女人可以用化妆品使她出一出风头，但是获得别人的喜爱，还要依赖她的人品和处世手段。”

我认为，一个女人，从年少到迟暮，最终依赖的是这一生中形成的“气质”。

比美貌更动人的，是你的气质；比物质背景更动人的，也是你的气质。

林徽因的美貌自然是毋庸置疑的，她爱打扮，对自己的妆容来不得一点草率。梁思成的弟弟曾经调侃这位嫂子，“林小姐千装万扮始出来，梁公子一等再等终成配”。虽说是句玩笑话，但话里的赞誉也溢于言表。

林徽因出身于官宦世家，论背景也是大家千金。之后嫁与梁思成，更算是强强联姻。而她让我们记住的，不是她的背景，而是她自身的魅力。

林徽因的一生写过无数让人感叹的文字，她独特的气质，不止体现在她的诗文里，还体现在她参与设计了三件大事。

第一件：参与设计国徽。“国徽的主要设计者是林徽因。”清华大学建筑学院原院长秦佑国这样说。

第二件：抢救景泰蓝工艺。她逛古玩城时，发现了濒临绝迹的景泰蓝花瓶，便在清华大学成立了景泰蓝抢救小组。

第三件：参与设计人民英雄纪念碑。她负责设计了纪念碑底座的浮雕纹饰。

还有一件事你可能也想象不到，以上三件事都是在她“摘除一个肾、肺病咳血”的情况下完成的。

女人的面容会因岁月的侵蚀而日益苍老，但气质则会因为时间的沉淀而闪闪发光。

02 读书让人学会思考

曾国藩说：“人之气质，由于天生，本难改变，唯读书则可变化气质。”

在《我所喜欢的女子里》也有这样一段话：书不是胭脂，却会使女人心颜常驻。书不是棍棒，却会使女人铿锵有力。书不是羽毛，却会使女人飞翔。书不是万能的，却会使女人千变万化。

外在的容貌可能是天生的，美和丑都无法代表一个女子的气质。而真正有气质的淑女，用三毛的话来讲：“读书多了，容颜自然改变，许多时候，自己可能以为许多看过的书籍都成了过眼云烟，不复记忆，其实他们仍是潜在的。在气质里，在谈吐上，在胸襟的无涯，当然也可能显露在生活和文字里。”

董卿，无疑是这段话最完美的验证者。

你可能为《中国诗词大会》上那个有着深厚文学底蕴的董卿所痴迷。也可能是《朗读者》里那个出口成章的董卿令你钦慕不已。总之，用“腹有诗书气自华”来形容她是一点也不为过。

不由得感叹一句：真是气质美如兰，一颦一笑，一字一句都散发着魅力！

董卿曾说："假如我几天不读书，我会感觉像一个人几天不洗澡那样难受。"即便工作再忙，她每天都会保证一个小时的阅读时间，直到今天也是如此。她说："读书让人学会思考，让人能够沉静下来，享受一种灵魂深处的愉悦。"

主持人是文人不是演员，不读书就像没有吃饱饭一样，精神上是饥饿的。

她也曾说："我始终相信我读过的所有书都不会白读，它总会在未来日子的某一个场合帮助我表现得更出色，读书是可以给人以力量的，它更能给人快乐。"

读书无用论在现今被唱得如此响亮，尤其是女性，大多数人走进这个误区，以为女孩子上这么久的学、读这么多的书，最终不还是要回一座平凡的城，打一份平凡的工，嫁作人妇，洗衣煮饭，相夫教子，何苦折腾？

其实，读书哪里无用，古今中外，你去瞧瞧那些"美人儿"，她们的高级，当真在于精致的面容吗？并非如此，她们的高级，是她们身上独特的气质，这种气质，我们常常也说"书生气"。

03 唯气质永恒

姿色是短期的，物质是外在的，唯有气质是永恒的。

希望你我都行动起来，去做一个高级的女子。那个 80 岁以后才成名的摩西奶奶有一句话说得特别好：人生永远没有太晚的开始。对于一个真正有所追求的人来说，生命的每个时期都是年轻的、及时的。

一个女人最动人的不是年轻时的美丽皮囊，而是随着岁月一起成长的优雅气质。

让我们一起去修炼这种气质，去成为更高级的自己！

爱你的男人，偶尔像个孩子，偶尔像个父亲，偶尔像个坏蛋

* * * * * *

现实里的男人，逗笑心仪的女人时，各有各的窍门。婚姻里，爱老婆的男人，却有一个共同的特点，那就是偶尔像个孩子，偶尔像个父亲，偶尔像个坏蛋。

01　像孩子一样幼稚

闺密小青的老公阿涛是中学老师，每天表情严肃地站在讲台上讲课。面对嬉皮笑脸、不守纪律的学生，他一个粉笔头扔过去，吓得学

生们大气不敢出。

学生们一定想不到，被他们背地里喊“黑脸包公”的班主任，进门到家的第一件事是像个孩子一样对着小青要一个爱的拥抱。要是小青懒得理他，他就傲娇地生气，直到小青过去哄他，他才立马开心地抱着小青转圈。不仅如此，阿涛还会在小青做饭的时候，突然靠在她肩膀上，撒娇求喂食……

当小青跟我说起这些时，我开玩笑地说：“你这哪里是嫁了个老公啊，明明就是养了个儿子。”

她笑着对我说：“其实男人越是爱你，就越在乎你对他的看法。男人是想听你夸他、看你爱他，所以才会冲你撒娇。”

我从她的笑里，看到了婚姻生活幸福的样子。

这样幸福的笑容也一直出现在孙俪的脸上。孙俪和邓超这对儿活宝夫妻，常常被粉丝调侃说，“俪姐一个人带仨娃，太辛苦了……”

邓超对这样的评价一点也不介意，反而还和一对儿女一起打扮成洋娃娃的样子，伸手向“孙俪妈妈”讨糖果。

孙俪常常被逗得哭笑不得，开着玩笑和网友分享邓先生的幼稚举动。她一次也没说不喜欢邓超撒娇扮可爱。

其实在真爱里，每个男人都是长不大的孩子。他只有在亲密的人面前才会卸下防备，任性地做自己。

02　像父亲一样温暖

女人的一生里有两个重要的男人：一个是丈夫，另一个是父亲。

父亲向别人介绍女儿时，总是会开玩笑说：“这是我前世的小情人。”

父亲不允许任何人欺负自己的女儿。你看吴尊，亲自设计了一件T恤，后背上印着“追我女儿的十大原则”。他说：“我要让女儿未来男友看这个节目，要像我在节目里这样对女儿好。”

真正爱你的男人，一定会听岳父的话，接下岳父的位子，像父亲一样为你撑起一片天。

记得有一次黄晓明和Angelababy一起接受采访，当时晓明哥说他喜欢女儿，然后Angelababy吃醋说：“有了女儿，是不是就不爱我了？”晓明哥则大方表白说：“我觉得爱的最高境界就是我把你当女儿来养。”

还有之前看《爸爸去哪儿》，陆毅给妻子鲍蕾打电话时，开口第一句话就是“喂？宝宝”。

节目组采访陆毅，问他和老婆之间的这个称呼时，他笑笑说：“我们平时也是这样的，我把她当女儿来宠，她也把我当孩子来爱。”

我觉得对一个男人最大的称赞，是有人说他——“你这是养了一个女儿啊”。

而这句话也是女人一生最大的幸运。有他在，你无须担心下雨了没带伞怎么办，因为爱你的男人不会让你淋雨。

爱你的男人会把你当女儿一样来哄，你的一颦一笑会牵引着他的心，他会尽最大的努力让你开心。

03　像坏蛋一样霸道

真正爱你的男人，有时候像个坏蛋。

他会像个坏蛋一样“调戏”你。其实夫妻关系就等同于占有彼此。因为他爱你所以才想占有你，如果连碰都不愿意碰你，又怎么谈得上爱、算得上婚姻呢？

他也会像个坏蛋一样带着一群好友冲到你面前求婚，威逼利诱让你和他在一起。

我想起陈小春在应采儿的生日会上，带着一票“古惑仔”朋友，冲到采儿面前，单膝下跪求婚。后来应采儿说起这件事时，调侃说自己当时不敢不答应啊，怕那些“古惑仔”一起打她。

其实打她肯定是不可能的，只是一向严肃的小春哥能放下面子，那么正式地在所有人面前求婚，一定让采儿很感动。

他还会像个坏蛋一样，竖起全身的汗毛，向那些说你不好的人发起进攻，因为他想保护你。

只有真正爱你的男人，才会为了你而像个坏蛋一样霸道。

只有在真正幸福的婚姻里，男人才会偶尔像个孩子一样在你面前任性做自己，偶尔像个父亲一样把你揽在怀里，偶尔像个坏蛋一样为你对抗别人的非议。

我做了一桌子菜，你却只顾低头玩手机

* * * * * *

01　我在你身边，你却低头玩手机

这是一个城市里平常得不能再平常的两口之家，天已经有点晚了。

丈夫下班回到家，妻子要加班还没回来，提前打电话让丈夫自己去菜场买些菜，随便炒炒吃一下。丈夫嘟囔着回应了声“好”。

妻子到家已经接近 9 点，饭桌上没有饭菜，空空如也。丈夫窝在沙发一角，打着游戏，浴血奋战。

妻子感觉很累，问了句：“你吃饭了吗？”丈夫头也没回，继续划着手机说：“没呢。”

妻子有些生气但也没发作，而是走向冰箱拿出之前剩下的菜动手做饭。几分钟后，妻子喊了声："过来吃饭吧。"丈夫从沙发里爬起来，眼睛依然盯着手机，边走边玩手机。坐下之后，手机放在左手边，夹菜也夹得心不在焉。打一会儿游戏，吃一口饭，半天没和妻子说一句话。

妻子一把抢过手机，气呼呼地说："我加班回来给你做饭，你不关心一下我今天累不累也就算了，吃个饭都不能专心点吗？"

丈夫被这么一吼，也火了，说："我玩会儿手机怎么了？你加班我平时也加班啊，谁不累啊？我让你做饭了吗？大不了一会儿我用手机点个夜宵不就完了。"

这饭是彻底吃不下了，妻子委屈透了，越想越觉得这个男人没良心。平时自己工作上生活上受欺负了心情不好，丈夫从来也都不闻不问，只顾玩手机。

本来婚姻就应该是夫妻间有良好的沟通，多说说话聊聊天。可现在是，我有很多话想讲，你却一直拿着手机，宁愿和游戏里的人聊天，也不愿关心一下枕边人的感受。这样的婚姻，有几个人想要？

世界上最遥远的距离，不是生与死，而是我就在你身边，你却在低头玩手机。

02 "感情杀手"

上周我和堂弟回奶奶家，老家既没有空调也没有 wifi。信号还不是很稳定，堂弟的手机连个 4G 数据都没有。

中午吃完饭，和往常一样坐在客厅吹着电风扇陪奶奶聊天。堂弟打开他的"王者荣耀"，刚进去就吐槽网实在是太差了，受不了。没一会儿，又专心去打打杀杀。

奶奶凑在我身边说：“你看他，天天就玩那几个小人，稀奇古怪，不知道有什么好玩。上次他才回来一天，第二天就回去了，说老家没 wifi 不好玩，这次要不是你拉他回来，他才不愿来呢。”

堂弟听也没听，起身去楼上躺着玩了。

想想是挺为奶奶难过的，每次回来都拼了命做好吃的给我们这些小辈，要我们回家也无非希望多和我们说说话。而我们宁愿在网上和陌生人聊天，也不愿陪她们说说家常。

老人家跟不上科技发展，不会手机视频，更不用说打字聊天了。打个电话还嫌电话费贵。就算学会了上网，隔着屏幕视个频聊个天，看得见摸不到，又哪儿比得上“常回家看看”的深情。

手机是给了我们很多便利，但手机也成了“感情杀手”，偷走了人与人之间应有的情感。

03　我们不是为了和手机过一辈子

前阵子有个新闻说，青岛有位张先生和弟弟、妹妹相约去爷爷家吃饭。饭桌上老人多次想和孙子、孙女说说话，但面前的孩子们个个抱着手机，有的玩游戏，有的刷微博，有的翻朋友圈。看大家都不和他说话，老人说了一句“你们就和手机过吧”，摔了眼前的一个盘子，离席而去。

人人都在和手机过日子，好不容易聚在一起吃饭，本是其乐融融的家庭饭局，最后成了手机刷刷刷，美食拍拍拍。感觉就像走个过场，吃了顿饭，然后就没有然后了。

人人都是手机依赖重度患者，科技进步了，情感却退步了，这到底是一种进步还是退步？

“低头族”越来越壮大，吃饭刷手机、走路刷手机、睡觉刷手机。我们身边这样的画面比比皆是，地铁上、饭馆里，乘电梯、过马路，生活的每一个缝隙都被手机填满。

“低头族”已经发展成一种病态，夫妻、孩子、父母，手机正在慢慢替代他们。

人的一生，可自由支配的时间不足五分之一，与其虚度在虚拟的网络上，为何不能多关心一下身边的人，多陪陪孩子和家人？毕竟，我们不是为了和手机过一辈子的。

和一个成熟的男人恋爱，一辈子不用长大

* * * * * *

01　我可以陪他长大，但他要长大

朋友阿轩，又失恋了。

他一打电话给我，我就忍不住开始翻白眼，我问他：“这次谈了多久？”他回答：“三个月。”

“嗯，这个女孩还挺能忍的。”我说。

阿轩是我们几个朋友当中感情经历最魔幻的一个。

明明身高腿长，白白净净，身边不乏女孩子追求，可是偏偏每一段恋爱都会在半年之内无疾而终。我们笑称，他身上背负着什么诅咒。

有一次我实在忍不住了，去问他的一个前女友："阿轩对你不是挺好的吗？我记得上次他排了两个小时的队给你买网红奶茶呢，你怎么说分就分了？"

那个女生幽幽地说："可我想要的是男朋友，而不是儿子啊。"

然后她抓住我，跟我大吐苦水。

阿轩对她确实好，逛街的时候大包小包地替她背着，也很会说一些好听的情话讨她开心。但是他们早就过了有情饮水饱的年纪，时间久了，她开始感觉自己快被这段不成熟的恋爱消耗殆尽了。

两个人走在街上，她说了一句话让他不高兴，他扭头就走，她还不能生气，必须拉着他好好讲话，一不高兴就会拉黑，每次吵架，他永远在逃避问题，跟她撒娇，不肯去把矛盾解决掉。

他让她觉得完全没有安全感，很多事情发生之后，他只考虑自己，不考虑另外一个人。而真正让她觉得可怕的是，他让她变得负能量满满，觉得一切都毫无意义。她考虑了很久，最终决定从这段感情中抽离。

她提出分手的时候，阿轩无辜地问她，你为什么不爱我了？

她说，我只是爱累了。

后来她又说了一句话，我印象特别深——"我可以陪他长大，前提是他要长大。"

02　成熟的爱情是互相信任，共同成长

“以后谈恋爱，一定要找比自己至少大三岁的男生。”

很巧的是，朋友小迪最近也在语重心长地这么劝告我。

她现在的男朋友比她大十岁，刚在一起的时候，她爸妈强烈反对，甚至一度不准她进家门，总觉得刚出社会没几年的小迪会被他骗。不用说她爸妈了，我作为她的朋友一开始都对这段感情有点担心。

后来我发现自己的担心纯属多余，小迪被他照顾得太妥帖了。

出门在外，小迪明明是个独当一面的女强人，但是在他面前，她永远像个孩子。

她咳嗽一下，他会自觉在下班回家的时候带来感冒药；她说想喝罗宋汤，他会自己查食谱给她煮，打伞永远偏向她那边，走路永远让她走在马路内侧，过马路的时候会像牵小孩子一样牵着她的手……

他会在她失意时有分寸地照顾好她的情绪，也会在她工作上遇到困难时给她恰到好处的指点，他所有的举动都让她觉得非常安心，她不会花时间去患得患失，更重要的是，她觉得自己因为这段感情正在慢慢变得更好，他教她懂得了如何去爱和被爱，也给了她不断向上的力量。

成熟的爱情大概就是这样了，没有拐弯抹角，没有疑神疑鬼，互相都信任对方，然后共同成长。

前天，小迪的妈妈给她打电话的时候，轻描淡写地说，过几天周末，

要不你带他回来吃饭吧。

03　愿我晚点遇到你

前段时间看《春娇救志明》，看得有些唏嘘，张志明终于长大了。这么多年了，他的幼稚和被动让余春娇无可奈何了很多次，他们用了8年的时间去磨合、成长，导演终于给了他们一个好结局。

张志明会长大，可是现实生活中，你遇到一个不成熟的爱人，却不知道他什么时候长大。他的不靠谱和孩子气不是笑点，而是让人哭笑不得的磨难。他时而会让你爱得死去活来，时而会让你气得想和他同归于尽，到最后两个人身上都长满了刺，两败俱伤。

年少的时候，我们会被肯为自己赴汤蹈火的少年所吸引，即使他们莽撞无知，闯了多少祸事，我们也会觉得可爱。但是少年需要长大，当有一天他的莽撞变成鲁莽和自私，在感情中就会变成莫大的负担。

现在的我们都早已经过了青涩的年纪，也渐渐懂得了，像小说里那种轰轰烈烈的太强烈的爱恨我们并不需要，只有平淡温柔的感情才是让彼此都感到舒服的东西。

不管20岁还是50岁，每个男人心里都住着一个小男孩。但成熟的爱情不代表你不可以有幼稚的一面，时时刻刻都要保持严肃冷静，我所理解的成熟是两个人共同成长，是愿意为了对方变得更好，同时也能成全更好的对方。

前段时间我看到这样一段话：最好的爱情，大概是这样子的——各自有稳定的工作和交际圈，在成长的道路上一路扶持，又在对方面前天真得像个孩子，独立又亲密，相爱又自由，没有斗智斗勇，只有相辅相成。

也许，你要吻很多次青蛙才能遇到一个王子，但是在最好的年华里，你应该爱一个能带给你动力的人，而不是让你精疲力竭的人。

愿我晚点遇到你，你刚好成熟，我恰好温柔。

如何轻松搞定一个男人？

* * * * * *

一段稳定长久的感情是多方面综合考量的结果，绝不是“真心换真心”那么简单。激情可以擦出火花，却无法维持感情的长久，男女之间的感情更像是一场博弈，方法很重要。女人想要搞定自己心爱的男人，这四招必不可少。

01　让自己活得更加精彩

人都有猎奇和喜新厌旧的本性，如果你的生活永远都是枯燥无味的一成不变，那就很难对他产生足够强烈和持久的吸引力，更别说让他有危机意识了。

你要让他对你的生活充满羡慕和好奇，不管你们是不是生活在一起，不能向他呈现出一种一眼就可以望到头的生活状态，那样会让他觉得索然无味。

你要有自己的社交圈子，她们可以是你的闺密，可以是你的同学，也可以是你的同事。你们时常有自己的活动，比如一起吃饭、逛街、看电影，这样你的日常生活就会显得丰富许多，时间也会被安排得满满的，而不是总需要他来陪。而他看到你没有他依然可以把生活过得有滋有味、从容不迫，自然就会产生一种危机感，就会对你更加上心。

你要有自己的兴趣爱好，不要把关注点都集中在他身上，要学会从生活中找乐趣，从而转移注意力。练练瑜伽，学学厨艺，养养花，看看书，这些都是很好的兴趣爱好，不但可以充实自己的生活，更能陶冶情操，提高审美情趣和自我修养。

总之，你要努力让自己的生活显得精彩有趣，这不仅可以对男人产生更持久的吸引力，更能全面提高自己的生活品质。

02　看到他的优点并学会赞美

两个人相处，我们忽略了对方的优点，却对他的缺点耿耿于怀。如果你总是抓着自己男人的缺点不放，对他的优点视而不见，久而久之，他会越发觉得和你在一起完全没有成就感，对感情的态度也会越来越消极。

好男人都是夸出来的。你的赞美会让他觉得这是对他的肯定与崇拜，这种正向的激励会激发他更多的自豪感与责任心，他会努力让自己变得更好，而他的任何进步都会换来你更多的赞美与崇拜，这就是良性循环。

反之，如果你总是死盯着他的缺点不放，唠唠叨叨，最后你除了收获他的反感，基本一无所获。

嘴甜惹人爱，别不好意思，试着赞美他吧。

03 对他理解多一点

人与人之间需要理解，爱人之间更需要理解。两个长期生活在一起的人，如果都站在自己的角度考虑问题，那将是多么可怕的一件事。所以，爱情里，理解很重要。

一个善解人意的女人，会主动站在男人的角度考虑问题，不会对一些鸡毛蒜皮的小事太过纠结；会尊重男人的选择，不会太过自我和强势。这样的女人往往也更容易得到男人的尊重与理解，因为尊重和理解本就是相互的。

对他理解多一点，他会觉得你是一个深明大义、温柔善良的女人，你对他的鼓励、支持、尊重、理解会让他对你心存感激，对你的好感和爱意也会越来越浓烈。相处久了，他会越来越觉得离不开你。

理解多一点，体谅就多一点，爱自然也就多一点。

04　别把他管得太死

很多女人总爱死死盯着自己的男人，恨不得在他身上装个监控，24 小时掌握他的行踪。不准他晚上出门，不准他有自己的私房钱，不准他和其他女人吃饭……这么做完全没有意义。因为你仅仅只能看住他的人，却看不住他的心。

一个男人如果心里有你，不管他人在哪儿，做什么，都会想着你，所以根本不需要你看着；但如果一个男人心里没有你，即便你 24 小时围着他转，他的心里还是想着别人。

不管是男人还是女人，都不希望因为婚姻和爱情而让自己丧失了人身自由和独立空间。谁都不能用爱的名义去绑架对方的自由，爱本就不应该是束缚。如果爱情所带来的是这样一种负担，谁都会选择逃离。

所以，女人们切记不要把男人管得太死，如果你想抓住他的心，就绝不能死死看紧他的人，否则只会适得其反。

如果你真的很在意一个男人，想和他长久在一起，那就努力让自己变得更好，努力想办法留住他的心，而不是听之任之，更不要我行我素。

这世上没有什么事是可以随随便便成功的，感情也一样，需要付出，更需要方法得当地付出。

Part 5

谁不是一边流泪一边坚强

别睡太晚，别爱太满，

夜深时，别做伤心的梦。

别傻了，他其实没那么喜欢你

* * * * * *

01 喜欢一个人就是想和他在一起

就在刚才，朋友小董向我宣布她又坠入爱河了。

没记错的话，这应该是她今年看中的第三个男神。这次是她隔壁公司的一个男生，个子很高，睫毛很长，因工作业务上有交集认识的，她很激动地告诉我，她和男神的兴趣爱好都差不多，每次碰面都很有话聊，有时会一起吃午饭，言谈举止之间感觉还有点小暧昧。

我说，那挺好的，争取带回家过年。

“但是……”果然还有下文，她又说，“觉得挺奇怪的，为什么当面聊得那么好，在微信上他都不怎么主动找我聊天？”

小董觉得自己已经够主动了，平时会找一些工作有关的话题，主动在微信上和他搭话，倒也是相谈甚欢，但是聊完之后，再无下文了。

有时候，她会发朋友圈暗示一下，说最近有个电影不错，但是没有人一起去看。男神在下面插科打诨地评论一句，不会吧，你这么漂亮的女孩子会找不到人去看电影吗？——只字不提约她去看电影的事。

“是不是因为他比较害羞，或者不习惯用微信？”小董问我。

我不忍心告诉她，因为他就是不喜欢你。

不喜欢一个人有很多种表现，敷衍你，和你保持若即若离的联系，不拒绝你，也不主动找你。

但是喜欢一个人只有一种表现，就是想和他在一起。

02　他只是没准备好和我在一起

“我觉得我们做了很多情侣做的事，可我们就是没有在一起。”

思嘉对我这么说的时候,她已经沉溺在一段暧昧关系中 5 年之久了。

她和她喜欢的那个男生从高中时代就是好友，认识了这么多年，他们有着别人无法企及的默契，而这种感情不知道从哪一天开始忽然变得暧昧起来。

他们有数不清的话题可谈，他和她一起出去吃饭看电影，之后再送她回家，送到楼下，等到她家的灯亮起来后，他才走。

周围的朋友都以为他俩是一对，可偏偏不是。

“有一次我陪他去修手表,那天下雨,我‘姨妈’痛,他一叫我出去，我想都没想就去了，他请我喝了冰的，我也喝完了，回到家里自己痛得死去活来。”

“有一次他和朋友去广州玩，4 点多的飞机，我怕他错过时间，定了闹钟叫他起床。”

“有时候我觉得这种关系是不正常的，想和他断绝来往，但是每次他一来找我，我们两个并肩走的时候，我又想，我愿意为他做任何改变。”

我问思嘉，你打算跟他一直这样暧昧下去吗?

她认真地想了一会儿，然后说，我觉得他是喜欢我的，只是怕捅破这层窗户纸之后，我们的关系会变得尴尬。他现在只是没准备好，再等等，他会和我在一起的。

03　我们都太擅长找借口

几年前，我和朋友一起看过这样一部电影，从标题上就开始扎观众的心——《他其实没那么喜欢你》。它讲了几个女孩错综复杂的爱情故事，信息量很大，囊括了缺爱、恐婚、婚外情等种种感情中会面临的问题。

女主角 GIGI 就是那个缺爱的女孩，她单纯、天真，渴望爱情，她不断约会，并对每一个约会对象都抱有热切期盼，她苦苦等待着他们给她来电话，但约会一结束，她的约会对象就宛如人间蒸发，再也没有联系过她。

GIGI 忍不住问她的闺密，“他明明当时说对我印象很好啊，怎么不联系我呢？”闺密们贴心地安慰她，“可能是他在忙，可能是他不小心遗失了电话，又可能是他在等你打来。”然后 GIGI 心安理得地松了口气，就是说嘛，他肯定对我是有意思的，只是由于种种原因不能和我联系。

这段场景是不是非常眼熟？

我们每个人大概都有这样的经历，因为喜欢一个人而犹豫不决，因为不确定对方的想法而患得患失，我们用种种蛛丝马迹来证明自己的猜测——

我给他发信息，他马上秒回我了，说明他一定很在意我，一直捧着手机等我发消息给他；他约我出去，却不牵我的手，一定是他太害羞了；我过生日，他第一个发来祝福，一定是很重视我了，只是太珍惜我才不敢表白。

我们太擅长给他们找借口了。

残酷的是，事实并非如此。电影中也毫不留情地指出了这点：

“有时我们宁愿相信一个男人太害怕、太紧张、太自卑、太爱前女友、太敏感、太忙、童年阴影太多、家庭压力太大、太累……却不愿意看清很简单的事实。是的，他不是太忙，不是受过伤，不是有童年阴影，不是遇到了意外，不是要就任总统，不是脑震荡得了短暂性失忆，不是手机掉进了火锅，不是有健忘症，更不是你已经坚强到可以令他不担心，他只是没有那么喜欢你而已。”

04　他没那么喜欢你

最近我发现，身边的朋友好像越来越不愿意全身心去投入一份感情，人人只想保持安全距离，不想轻易交付真心，多数时刻，大家只舍得暧昧。

暧昧，就是小包装的感情试吃。你可以不付钱免费品尝，我也可以大批量分发。

暧昧听上去非常美好，若即若离、纠葛浪漫，但事实上，很多时候它只是“不主动、不拒绝、不负责”的代名词，你沉浸在暧昧关系里，为对方的忽冷忽热找着各种借口，却不肯冷静下来想想他到底是不是真的喜欢你。

其实女人的第六感永远比你自己想象中要准，如果他的确爱你，那你一定感受得到。所以没有那么多例外和借口，如果连你自己都不确定，原因只有一个，就是——

他没那么喜欢你。

你这么重感情，有人心疼你吗？

* * * * * *

01　认真你就输了

这好像是一个“认真你就输了”的时代。

很多人谈恋爱，不再追求掏心掏肺、抵死缠绵，而是力求稳妥，不愿投入全部感情。要保证自己能在被伤害到之前，最快速地抽身而退，以免显得太狼狈。

我觉得我的朋友知远就是这种人。

从我认识他那时候起，他就是那种“万花丛中过，不沾一点红”的浪子。每次和我们吃饭，他带着自己的女朋友来，言谈举止无比体贴，拉椅子、取外套、夹菜，一套动作行云流水；对方说话的时候，他会专注地看着她的眼睛，笑得情真意切。

然后下一次吃饭的时候，他身边的女孩子就换了一个，然后又换了一个。

我们打趣知远换女朋友换得比衣服还勤。他满不在乎地笑着说，在一起的时候你情我愿，没感情了就好聚好散。

我一度认定他是那种把感情完全不当回事儿的人，不管是他被人甩，还是甩别人，都从来没流露过半点伤心。有次我关切地问他，他大笑三声，喊我继续喝酒。

直到有一天晚上他突然打电话给我，醉醺醺地乱七八糟闲扯一堆之后，他忽然问我："你写过那么多文章，我想问问你，我前女友突然告诉我她要结婚了，是希望我去挽回她吗？"

我愣住了，但是知远好像不是很在乎我的回答，自顾自地说起了他的事。

知远曾有一个交往了 5 年的女朋友，叫佳慧，大学的时候就在一起了，当时的知远完全不是现在这副没心没肺的样子，他甚至是全年级公认的好男友。

他对佳慧好到简直没话说，向全世界昭告她的存在，为了她和所有女性朋友都保持距离；她随口的一句话，他都会记在心上。每天早上买好早餐放在她的宿舍窗口，大大小小的节日，他都用心地为她准备礼物，惹来一片羡慕。

毕业的时候吃散伙饭，他举着酒杯，郑重地对全班同学说："如果以后我结婚的对象不是佳慧，你们谁都不要来参加我的婚礼。"

02　爱累了

毕业之后，佳慧考上了本校的研究生，继续读研，而知远则去找了工作。两人租了一间房子，日常的开销基本都由知远来承担。为了不委屈佳慧，他拼命加班、谈客户，工作上遇到的糟心事很多，但这些焦躁的情绪他一次都没有带给佳慧。她想要的东西，他总会给她买，哪怕自己辛苦一点，他也想给佳慧带来更好的生活。

但是佳慧还是一天天地冷淡了下来，最后终于提出了分手。理由是，觉得两个人不合适。

5 年的感情，岂是一句不合适就能打发掉的。知远在她面前情绪失控，疯了一样追问着原因，佳慧却只是看着知远，眼神里有一些歉意。她带走了一部分衣服和化妆品，其余的什么也没拿。她拖着箱子走了，一个男生正站在楼下等她。

知远认得那个人是和佳慧在做同一个项目的学长，两个人关系很好，但他从未怀疑过佳慧，他从来都是那么相信她。

大家都以为知远会愤怒，会悲伤，甚至可能去佳慧的学校大闹一场。但他什么也没说，好像什么事也没发生，平静地接受了这一切。没过多久，他甚至又开始谈恋爱，来者不拒，他对那些女孩子也非常好，只不过没有一个超过半年。

现在，他和佳慧分手已经 4 年了，朋友们都以为，他早就已经忘了她。但是只有他自己知道，他连一分钟都没有忘记过她。

他把她所有的东西都扔了，删了她所有的联系方式，但他还是不费吹灰之力就能想起她。无数的深夜他独自前往他们曾经去过的地方坐着发呆，抽一整晚的烟。

“她要结婚了，嗯，我也终于能死心了。”最后他跟我说。他好像松了一口气，声音里又带着浓浓的疲倦。我想，他是真的爱累了。

03 夜深时，别做伤心的梦

每一个不肯全心全意去爱的人，大概都有一个爱而不得的人，和一颗千疮百孔的心。

恋爱像一场拉锯战。两个人互相扯着一条皮筋，谁爱得没那么深，谁先放手，谁就不会受到太多伤。

有人说忘记一个人，只需要时间和新欢。但是偏偏就有一些傻瓜，需要好久好久去修复自己的伤，甚至用尽整个余生都难以忘怀。就好像费了好大的功夫写完的一篇文章，只差一个结尾就完整了，它却忽然丢了，然后你再也没有心情去重新认真写一篇。

我身边有很多这样的人，他们掏出真心，最后却伤了心；感动所有人，唯独感动不了那个人；撞了南墙，却一意孤行地不肯回头。

太重感情的人，很喜欢笑，却喜欢听悲伤的歌，一段歌词就可以触动他们心里最柔软的地方，然后暗自伤怀。

太重感情的人，其实特别心软，他们害怕别人伤心，就把委屈留给自己，总是一次又一次地选择原谅，所以对方才会有恃无恐地伤害他们。

太重感情的人，活得最辛苦。但偏偏，每次他们还都是最坚强的那个，外人面前总是显得若无其事。所有沉重的痛苦，都留到夜深人静的时候，才敢偷偷哭出声。

我想问你，你那么重感情，有人心疼你吗？

你每次都爱得那么认真，满腔热情换来冷淡回应，明明对方没那么在乎你，你却还飞蛾扑火奔向他。分手之后，他早已另寻新欢，你却还守着那些过时的回忆苦苦挣扎。那个人如此光明正大地不爱你，你却只能默默地爱着他的影子。

我希望你以后也能对自己好一点。别睡太晚，别爱太满，夜深时，别做伤心的梦。

你为爱妥协，谁为你后半生的幸福买单？

* * * * * *

01　为爱妥协换来丈夫出轨

陈奕迅曾经主演的一部音乐剧《短暂的婚姻》，引起了我的注意。短短5集，就勾画出了婚姻里的很多矛盾。

陈奕迅饰演的Galen是个一心赚钱的顶梁柱，直到妻子因病去世，才开始后悔从前没能好好珍惜和妻子在一起的时光。作为单亲爸爸，他对儿子是一无所知，矛盾重重。

悲痛之中，他遇到了另一个和她妻子很相似的女人Mal，是他的新邻居，和他的妻子一样，也是个为家庭、为爱情放弃梦想的女人。

Mal 嫁给了一个白手起家的律师 Teery。她原本是设计师，但结婚后，老公让她在家做全职太太，方便照顾孩子，她就妥协了，放弃出国学习的机会，也一直没再接触职场，朋友圈子只有一个离了婚的闺密。

家庭主妇的生活看似轻松又幸福，但 Mal 在家里做什么事都要看老公的脸色——

不小心刮了车子就被老公骂；有人来家里做客，她忙前忙后，老公则稳坐桌前和别人吹牛；别人介绍一份工作给她，她要小心翼翼地去征求老公的同意；等她终于重拾旧业，却还得照顾孩子。有一次她太累了，不小心睡过头，老公马上打电话骂她怎么能忘了接孩子。

最可悲的是，即便 Mal 为爱牺牲这么多，但她那位穷小子出身的老公还是出轨了。

02 不为爱妥协才是爱自己

现实里，这样大男子主义的“渣男”不在少数。

我之前看过一个故事，一位滴滴专车司机说自己不缺钱，光收房租就月入几千。他让老婆好好听话待在家，一辈子不用干活。但他老婆宁愿出去工作，也不愿天天在家做饭洗碗洗衣服。他不同意，最后他老婆态度很坚决，哪怕什么财产都分不到也要离婚。

说句心里话，我很赞同他老婆的决定。我真的很讨厌那些“女子无才便是德”的旧思想。

凭什么男人要求老婆听话？凭什么女人就得老老实实在家绣花带

孩子?

有的男人总说自己工作辛苦,难道女人持家就不辛苦吗?还有“渣男”嫌老婆年老色衰就出轨。可哪个女人想当黄脸婆?还不都是为了家庭操碎了心吗?

女人的辛苦，男人一直都看不到，还非要女人顺从自己的心思。而那些为爱妥协的女人，都是被“男主外、女主内”的传统观念荼毒了的可怜女人。

为爱妥协的女人，可怜到让人心疼。但男人却根本不去心疼自己的女人，这样的余生，谁来买单呢?

03　余生的幸福掌握在自己手里

我忽然想起多年前《情深深雨蒙蒙》里，依萍跟方瑜诉苦的那句话:“我本来是一个刺猬，刺是我的武器，也是我生存的条件，忽然我遇到了书桓，他不喜欢我的刺，为了爱他，我就把我的刺一根一根拔掉。”

直到今天，我依然会为依萍的这句台词感动，但我也逐渐意识到，一段好的关系并不需要你拔掉身上所有的刺，不需要绞尽脑汁去迎合对方的喜爱与偏好，而是那个完整真实的你被毫无保留地爱上。

《傲慢与偏见与僵尸》里，伊丽莎白说:“我是不会为了戒指而丢下我的宝剑的。”有人问她:“如果那个人是真爱呢?”她说:“真爱不会要求我放弃自己喜欢的东西。”

没错啊，真爱就是尊重你的一切选择。真爱你的男人，爱上的应该是你的全部。如果一定要你妥协，那没有安全感的你又能拿什么来保障自己的后半生呢？

爱一个人，别忘记要先爱自己。

即使需要为家庭牺牲，那也应该是双方一起承担的责任，而不一定非要女人放弃一切。更何况，女人根本无法预知自己爱的那个男人，是否能一辈子一心一意只对她好。

一味地妥协，守护不了爱情，一不小心就会输掉一切。

别指望一个不承担家庭责任的男人，能为你后半生的幸福买单。

生为女人，我们的幸福更要牢牢掌握在自己手里。

你对爱人的赞美里，藏着婚姻的幸福值

* * * * * *

01　感情离不开精心呵护与照料

今天一早，在小区里遇到楼上的小陈。她的脸上似乎还带着一点怒气，遇到我就开始吐槽自己的老公："早上起来的时候在试刚买的裙子，问老公好不好看，他看也没看就说了句一般般。真是气死我了，这条裙子我可是走了好几家店才买到的，可喜欢了，他就不能说句好听的吗？"

我低头看了一下穿在小陈身上的那条裙子，的确好看，也是我很喜欢的款式。看到她余怒未消的样子，我就对她说裙子很好看，还问她在哪里买的。

小陈像是找到了知音一般，拉着我的手就和我聊起来，还说要是想买可以陪我一起去。

男人们可能不知道，很多时候一句简单的“好看”，就可以让女人开心一整天。

想起之前看过的一篇文章说：婚后生活的不和谐，往往都是从不再相互赞美开始的。里面采访了好几对结婚多年并对自己的婚姻不再有幸福感的夫妻，他们绝大多数都没有相互赞美的习惯。

热恋的时候，情侣间恨不得每天都赞美对方好几遍，那个时候的感情也是最浓烈的。一起过日子久了，说一句“好看”却变得千难万难，长此以往，感情自然越来越淡。

很多人觉得：“都老夫老妻了，谁还瞎讲究这些？”殊不知断送感情的，往往就是这种心态。

没有一段感情可以在不管不顾下茁壮成长，所有的感情都离不开精心呵护与照料。

夫妻间彼此的赞美是爱情不可或缺的养料。

02　夫妻间少不了赞美

张晋和蔡少芬夫妇是娱乐圈出了名的模范夫妻，两人的感情特别好。

张晋懂得感恩，努力工作，疼爱妻儿。蔡少芬除了对老公毫无保留的信任与支持外，更是从不吝啬赞美老公，不管在什么场合，都俨然一副小迷妹的样子。

先前夫妻二人一起上真人秀节目，节目中张晋一旦挑战成功，蔡少芬就兴奋大吼：“老公你太帅了，老公我爱你！”甚至顺势冲到老公怀中，甜蜜相拥。

她曾说：“我是一个很爱表达的小女子，要把好感情给大家看，经营一段婚姻，如同对待小孩子一样，你要让他好，夸他就对了，能夸就夸。”

一语道出了真谛。原来，幸福的婚姻都是夸出来的。

上次去闺密家吃饭，平时很少做饭的她非要为我露一手，就炒了几个家常菜给我吃。我夹了块番茄炒蛋放到嘴里，明显盐放多了，条件反射地皱了皱眉。闺密老公看到了，立刻也夹了一块，边吃边称赞：“嗯嗯，比上次炒得好吃多了，老婆你真棒，进步很大啊！”

我边哈哈大笑边打趣她老公说：“你可真会包庇自己老婆啊。”

闺密老公也笑了，和我们讲起了自己父母的故事。原来他的母亲一开始做菜也不好吃，但是父亲从来没有责备过母亲，每次母亲兴致勃勃地炒了一桌子菜，父亲都是赞不绝口，就算真的很不好吃，父亲也会鼓励她说进步很大，继续努力。后来，母亲的菜就真的越做越好了。

“所以啊，我要是说她做得不好吃，反而打击了她的积极性，几次下来，她就不愿意学啦。”

我看着这对小夫妻嬉闹的样子，心里真的觉得很暖。

不要小看这样一句适时的赞美，在旁人眼里，这可能像是一句玩笑话，但在妻子眼里，就是对她最大的肯定与鼓励。

人都是愿意听好话的，夫妻间彼此赞美多了，心情也会愉悦起来，每天有说有笑的，争吵和矛盾自然也就少了，夫妻关系就会越来越和谐。

03　对爱人的每一句赞美里，都藏着婚姻的幸福值

赞美他人，本身就是一种能力。那些擅长赞美的人，都有一双能够发现美的眼睛，他们的世界里美好总是多些的。这样的夫妻在一起，生活一定是积极向上的。

赞美也是一种态度。它是对别人努力的尊重与认同，是对他们的支持与鼓励。和经常赞美你的人在一起，你会越来越有自信，事情自然也会越做越好。所以那些被丈夫夸好看的妻子，往往是真的越来越会打扮；那些被夸做菜好吃的妻子也会越做越好吃。

赞美更是一种修养。懂得赞美的人，内心往往比较大度，更善于包容与谅解他人，这样的夫妻在一起，彼此的接纳度就会更高。

以上的这些，不都是婚姻幸福美满的必要条件吗？

婚姻需要经营与维护，很多时候彼此间多一句赞美，就会多一点温馨，少一些忧愁。

不要吝啬你的赞美，你对爱人的每一句赞美里，都藏着婚姻的幸福值。

恋爱是一时动情，婚姻是一世用心

* * * * * *

01 金婚银婚，相爱一生

周末和朋友吃完饭路过商场门口，碰巧看到一位白发老奶奶抓到了一只布娃娃，她开心得像个孩子一样，旁边站着的那位老爷爷马上蹲下身来，从小窗口拿出娃娃递给她，又顺便将手中的外套给她穿上，像在影视剧里看到的丫鬟照顾小姐一样，老奶奶伸出左手，爷爷给她穿上，再伸右手，爷爷转到右边给她穿好。一连串的动作里，没有一丝生疏。在我这个外人看来，老爷爷在家里大概给老奶奶穿了一辈子衣服吧。

看到这对老夫妻，我突然想起另一对儿——东北夏爷爷和台北“脆鹅”（翠娥）奶奶。他们的故事是孙女用小视频记录下来发到网上的，结果老夫妻之间的日常恩爱，感动了很多在爱里找不到安全感的人。

九十多岁的夏爷爷得了老年痴呆，常常会忘记一些事情。但孙女问他最爱的人是谁，他每次都记得指着脆鹅说——就是她！

脆鹅说要去金门探亲，夏爷爷马上不放心了，即便身体不舒服也要买机票跟着一起去。脆鹅出门倒垃圾，一会儿没回来，夏爷爷马上问孙女，脆鹅怎么还没回来。脆鹅有时候给老夏准备好饭菜想出去打牌，夏爷爷不想让脆鹅走，就撒娇说：“老婆，你不要那么狠心嘛！”

面对越来越像个孩子一样的老夏，脆鹅奶奶表现得十分耐心。老夏听力不好，脆鹅奶奶就一遍遍地给他重复，直到听清楚为止。因为生病，老夏没办法独立小便，脆鹅奶奶便用哄小孩的方式帮他嘘嘘，还一点点鼓励他。

“奶奶，爷爷生病了，你还爱他吗？”

“怎么不爱呢？虽然有时候气得要命。”

据说脆鹅奶奶之所以会嫁给夏爷爷，是因为脆鹅的妈妈说老夏的耳朵大，有福气。果然，脆鹅奶奶这辈子过得很幸福。

老一辈的他们，也许当初在一起时，连恋爱都没谈过，却用彼此一世的真心，换来了一辈子的幸福生活。

02　细节打败爱，也能成就爱

我记得曾在知乎上看过这样一个问题：“哪个瞬间让你认定了就要

嫁／娶这个人？”

回答的人，女孩居多。

有人说，“大学异地恋时，他偷偷买了 12 个小时的站票，只是为了和我一起跨年。”有人说，“他追我的时候，每天变着花样给我买早餐。在一起这么多年，他这个习惯依然没变，每天会熬粥或者煮鸡蛋，早餐从不落下。”

……

诸如此类的细节，能成就爱情。很多爱情的开始，或许只是源于一句鼓励、一个微笑、一个肩膀。

而同样的，细节也能打败婚姻。有多少婚姻的矛盾，只是因为一句“你闹够了没有”“我很忙,你自己逛街”“儿子哭了,你去管管”……

那么，什么才是不被打败的婚姻呢？

我想，钱钟书和杨绛的婚姻，可以给我们答案。

杨绛从小受过良好的家教，是时代中的新女性。相比之下，钱钟书的家境就略显寒素了。

但在杨绛看来，“我与钱钟书是志同道合的夫妻，我爱他，胜过爱自己”。

为了支持钱钟书的文学创作，杨绛主动包揽了家庭琐事，她学着劈柴、生火、做饭、洗衣，经常被煤烟熏花了脸，被滚油烫出水泡或者不小心切到手指。她狼狈不堪，却满心欢喜。

钱钟书则是一边忙着创作《围城》，一边又怕妻子太劳累。所以他一有时间就自己关上卫生间的门，悄悄洗衣服。虽然洗得一塌糊涂，有些还得重洗，但他的体贴已经让杨绛大为感动了。

他们的婚姻很平凡，不过是柴米油盐酱醋茶。可在平凡生活里，几十年如一日地为对方着想，坚持这份感情，实属不易，也确实令人感动不已。只有像钱老和杨老一样，长久地用心去对待彼此，才能得到不被打败的婚姻。

03　一时动情，不如一世用心

记得以前看过一部讲男女主角同时出轨的电影。男主角不小心被热情的舞蹈老师吸引，女主角则是爱上了多愁善感的流浪作家。两人坐在一张桌子边吃饭、睡在一张床上，心里却在盘算着什么时候向对方坦白。

最后他们选了同一天坦白。为了表示歉意，女主角那天早早回家为男主角做了他爱吃的糖醋鱼，男主角则在下班回来的路上买了一个她不开心时最爱吃的巧克力蛋糕。

当两人带着礼物坐在饭桌前时，往事一幕幕重新浮现——她爱他的歌声，曾为他写了厚厚一沓情书，还曾为了买一条鲜鱼，天还没亮就骑车去市场，结果路上摔了一跤，胳膊打了两个月石膏；他曾为她写歌谱曲，也曾在某晚吵架后，为她跑几条街买回巧克力蛋糕道歉；他全程陪同她生下孩子，生完，他回家洗了个澡就马上到医院，蜷在她床尾陪着……

他们突然明白，对方才是那个最了解自己的人啊。

电影没有告诉我们，重新拥抱在一起的男女主角到底有没有离婚。可我想，在一时迷恋的情人和相知相爱的家人之间，他们应该选择的，是柴米油盐里最懂彼此的那个人。

恋爱是一时动情，而婚姻则是一世用心。

我们曾用心爱过，所以才会知道，幸福是什么。若是想要一辈子的幸福，那必然需要一辈子的用心。用心，不是制造很多惊天动地的浪漫，也不是金钱和物质上的施舍，而是习惯性地为她递上一件厚衣服，提醒她天冷别感冒。

很多时候，渴望幸福的女人并不需要男人给她多少钱，她非常需要的是有一个人时刻把她放在心上，愿意花时间和心思去照顾她、陪伴她。

Part 6

与自己想要的样子温暖相拥

余生，

我希望我们都能过得幸福一点。

你的婚姻虽生犹死，还是虽死犹生？

* * * * * *

我时常想，到底哪一种婚姻的结束，才是最可怕的呢？是虽死犹生，还是虽生犹死？

01　虽死犹生的真爱

以前我觉得，癌症、车祸是爱情里最狗血的剧情。可偏偏这样的生离死别，能让人把爱人的真心看得更清楚。

前几天我看了这样一个故事：

一对年轻恋人过着吵架又和好的生活。偶然间，女孩被查出身患癌症。往往这种情况下，偶像剧里都是女孩隐瞒病情、主动分手，然后被男孩发现，至死不渝地陪着女孩。而现实中的状况往往是，女孩孤立无援、男孩从此失联。

但这一对儿是例外。男孩没有放弃，他陪着女孩做化疗，没有床位他就住在车里，方便随叫随到。他从不叫苦叫累，始终保持乐观的微笑，为女友加油打气。

为了鼓励女孩，男孩去挑了婚纱，为女孩办了一场病房中的婚礼。所有亲朋好友一边感动，一边期待着奇迹的发生。

事与愿违，女孩还是没能战胜病魔。即使是阴阳两隔，男孩也没有放弃两人的爱情。10 年过去了，他依旧独自守着一辈子爱她的承诺。

有人问：如果能再次见到你的妻子，你想对她说什么？

这个沧桑的男人说：“一遍又一遍地对她说，我爱你……”

有句话说，这世上最可怕的情敌不是活生生的某个人，而是再怎么努力也替代不了的、他记忆中的那个爱人。

有些爱情，是虽死犹生。

虽死犹生的爱情是即便一个人先离开，另一个人也依然把她放在心里，无法再爱另一个人。对于活着的他来说，失去真爱的后半生是活在爱人影子里的躯壳，痛苦无力但心存美好的回忆。

02　虽生犹死的婚姻

如果短暂的一生能遇到虽死犹生的真爱，那我一定做梦都会笑起来。可我们很多人遇到的是虽生犹死的婚姻。

虽生犹死是有结婚证、但没有爱的丧偶式婚姻。

我舅舅和舅妈之前几乎是三天一小吵，五天一大吵。理由是舅舅太爱喝酒了，舅妈总免不了唠叨他几句。

以前在家吃饭，舅舅总爱让舅妈做点爽口的下酒菜，舅妈不做，舅舅要么赌气不吃，要么自己去买包酒鬼花生，回来喝一盅。一旦有应酬，舅舅一定会喝醉被人送回家，一身酒气还能对着舅妈说，“来，给我满上，继续！”

舅妈为此跟他吵过很多次，每次出门吃饭前，舅妈都要嘱咐他说，“少喝点，你肝不好。”很早以前舅舅还会说“好”。慢慢地，舅舅就说，“朋友敬酒，不好不喝。”再后来，舅妈一唠叨，舅舅就快步跑出门，听都懒得听，而且他还变得不爱回家了。

现在，舅妈已经放弃管舅舅了，舅舅去应酬也不跟她报备了，两人也不再吵架。

舅妈偶尔跟人聊起来会骂说：“他老了肯定要比我先走。反正现在日子也是我一个人过，老了还是一个人，我也不管他了，随他，爱咋咋地。”

他们不离婚，却也不再拥有爱情。一个人对另一个人死心，不是整天一哭二闹三上吊，而是漠不关心、相安无事。

这虽生犹死的婚姻里，虽然两个人生活在一起，但心却死了。即使痛苦，也懒得去改变什么。

03　余生，希望我们都幸福

我害怕没有爱情、名存实亡的婚姻，我怕两人不再同心、无话可说，却还要在同一个屋檐下过完余生。

但我更害怕真心相爱的两个人阴阳相隔，这个世界上再也无法遇见第二个像他一样的人。

袁咏仪对张智霖说："你不能比我先死，不要留我孑然一身，因为我不想看到我爱的人先离开。"

李宗盛在《山丘》里唱到"越过山丘，才发现无人等候"，那是一种多么痛的感受，就像黛玉之死害得宝玉一蹶不振，最后选择出家一样。看着真爱离世，才是最可怕的。

有人说："真心相爱的人，往往不能天长地久；睁一只眼闭一只眼的人，反而能携手到白头。"

其实我觉得，婚姻的结束有很多种可能，纵然每一种结束都很可怕，但最可怕的是我们放弃了挣扎，放弃了重新获得幸福的可能。

如果现在的你正在一个"丧偶式的婚姻"里，不管那个人是离开了这个世界，还是他的心离开了你，我都希望你能想尽一切办法，让自己过得幸福一点儿。因为幸福才是一个女人毕生的追求。

我不想拥有丧偶式的婚姻，也不想真的失去幸福。

余生，希望我们都能过得幸福一点。

谁杀死了你的婚姻？

* * * * * *

01　心理上主动败给前任

我朋友涂涂是一位心理咨询师。每当我对爱情和婚姻有疑惑的时候，都会找她聊聊。

昨天和她聊起最近的烦心事时，我问她："男友的前女友回国了，他俩私下见面被我知道了，我该怎么办？"

涂涂反问我："你怎么知道他们见面的？"

我说："是男友告诉我的。"

她说："那你担心什么？"

我叹了口气，说:“你不知道，他前女友回国之后完全像换了个人，摇身一变成白富美了。而且还是那个女人主动约他见面，肯定是对他不死心。她要是真跟我抢，我该怎么办啊……”

涂涂对我的抱怨感到无奈，她马上问我:“你比她差在哪里了？你不知道你男人在我们面前怎么夸你的吗？说你聪明有主见，不是绣花枕头。”

我知道，他在朋友聚会时夸过我。但我依然很沮丧:“毕竟他前女友现在是海归啊。”

“你现在是典型的自卑症患者。”涂涂一脸嫌弃地批评我，然后又像老母亲一样对我说，“还是第一次看到你这么自卑，像极了前段时间来找我咨询的那个女孩。”

02　主动输给爱人

那个女孩身材高挑、长相清秀。但来咨询的那天，她畏畏缩缩，一点活力也没有。

她从前是个非常外向的姑娘，在各种社团活动都能看到她的身影。大一时她在社团认识了一位男孩，那男孩和她是老乡，两人寒暑假就经常一起回家。

大二时，男孩主动追她。一开始她看不上男孩，觉得他长相一般，个子不够高。后来她抵不住男孩的攻势，就决定和他在一起谈谈看，不合适就甩了他。但恋爱一旦谈起来，女孩就越陷越深。两个人就一直处在小吵小闹的热恋中。

直到有一天，他在洗澡，女孩无意间拿他的手机翻翻，发现他在QQ里和男性朋友抱怨：她性子又急，脾气又差，还不如之前的那个。

“当时我脑海里一片空白，既然我还没前任好，你还要我做女朋友干吗？！”女孩一个多月没有理男友，最后还是他苦苦央求才和好的。

“奇怪的是和好后，我发现原来的心理优势，一下子全没了。我们时不时地因为小事吵架闹分手，吵完后自己反而更自卑，最后还是没骨气地和好。现在到了谈婚论嫁的时候，两家人也见过面了。可我觉得自己已经成了怨天怨地的怨妇。”

女孩现在很矛盾，一方面敏感自卑，在男友面前抬不起头，另一方面她深知这段婚姻肯定不会幸福，却怎么也不敢放手。

涂涂对我说：“婚姻里不能有一方是弱势，深爱一个人没错，为他付出心意也没错，但不能低到尘埃里。一旦长期带着自卑心去爱对方，就会感受不到被爱的幸福。打败自卑心的方法是，不要跟谁比，要明白你就是你，你值得被爱。”

03　捕风捉影，丧失信任

说到婚姻问题，我也问了涂涂，如果结婚后发现老公和别的女人联系可怎么办？

涂涂马上说我脑子里恰好装了婚姻里最可怕的两块绊脚石，一是不自信，二是不信任对方。

涂涂说她之前有位咨询者是个30岁的已婚男人。几个月前男人出门倒垃圾，妻子恰好要查一个朋友的手机号码，就尝试了几次密码解锁了他的手机。等他一开门，妻子恶狠狠地拿着他的手机质问他和那个女同事是什么关系？

其实他也没出轨，只是那个女同事经常对他献殷勤，还有意无意地发一些撩人的表情包。但他不想闹僵，就一直保持着距离。

尽管他解释得很清楚，但妻子还是不依不饶，怀疑他删过聊天记录，闹着要去公司找那个女同事。最后是家里长辈劝和的……

原本以为误会消除了，却没想到妻子却变本加厉。他下班晚回家半小时，她就会疯了一样给他打电话。他开会不接电话，她会直接冲到他单位去找。他上厕所时间长一点，她都会呼啦一下打开门，看他拿着手机在干什么……

他要时刻向妻子汇报行踪，不能加班，不能出差，要随时回答她的审问。他觉得自己像犯人一样被搞得神经衰弱，明明他没有出轨。

所以说，信任的缺失，有时候会把没有的说成有的。这种心理对婚姻来说是绝对害人害己，自己神经紧绷，对方疲于应付。婚姻自然不会长久。

04　婚姻要靠自信和信任

我在听了涂涂说的两个故事后，仔细想了想我所知道的失败婚姻。的确，很多时候，离婚的原因嘴上说是我们不爱对方了。追其根源，我们会发现要么一方过度依赖对方的爱,导致人在心理上自觉以为“我感冒了他都不关心，他是不是不爱我了”，要么是双方的付出不对等，导致一方以为对方出轨了。

不自信和不信任，是婚姻通向幸福之路最大的两块绊脚石。

谈恋爱，是和一个人的优点在一起；而结婚，是和一个人的缺点在一起。

决定结婚，就意味着两个人开始了长久的磨合期。

始终对自己保持着信心，才能在婚姻里处于对等付出的平衡状态。

和始终盯着对方的错误相比，始终相信对方会让人更容易收获幸福。

我的婚姻，是一场骗局

* * * * * *

我终于知道，我的婚姻，从头至尾都是一个骗局。

01　我与老张

我与老张的相识是在火车上，那时候火车还是绿皮的，车里头满是乡土的味道，每次都让晕车的我痛不欲生。

外出打工的我舍不得买卧铺票，能坐着就是庆幸，因为不敢离开行李，也不敢多喝水，怕上厕所不方便。

第一次看见老张的时候，他皮肤晒得很黑，笑起来牙齿显得特别白，将家里人准备的薄荷糖都塞给了我。

他说不喜欢吃糖，放着也是浪费。

那种冰凉凉的味道，帮我度过了漫长而气味陈杂的旅途。

抵达目的地的时候，我看见了老张，心里头忍不住有些高兴，我们居然有幸来到了同一个城市。更加巧合的是，我们工作的地方也距离不远，慢慢地，两颗在异乡孤独的心渐渐靠拢。

02 我不会离开你

拼搏了 7 年，我们才在打工的城市有了一个属于自己的蜗居，领证的那一天我哭得稀里哗啦，老张手足无措地搂着我，问:“怎么啦，是不是聘礼太少了？”

说完他从口袋里头掏出了工资卡放在我手上，说:“以后都归你，想买什么自己买，不用问我，花光了也没关系。”

我们一起回到什么都没有的屋子，老张拉着我的手坐在地板上，一字一句地说道:“老婆，以后我会好好对你的。”

我们一起慢慢地装饰着那个家，从门口的地毯，到阳台的绿萝；从客厅的窗帘，到卧室的床单；从沐浴露的味道，到每一天的菜单。

老张总喜欢说一句:“我都行，老婆喜欢就好呗。”

老张说到做到，结婚时的誓言他都记得，但命运却那么的残酷，结婚之后我们一直都没能有孩子，婚前对我和颜悦色的公婆特意从老家赶来，一起过来的是一堆据说有效的秘方。

那是我人生中最黑暗的日子，每天的呼吸都伴随着中药的味道，每个月总要在房间里痛哭一场，一次次的希望一次次的失望，让我不堪重负。

婆婆站在楼梯上骂：“如果再生不出孩子，那就离婚！”

终于有一天，老张拉我一起去了医院，花了好多钱做了仔细的检查。

报告出来之前，老张拉着我的手说道：“不要有负担，有病咱就治，就算是没有孩子，我也不会离开你。”

03 爱情是一句谎言，我希望它能骗我一辈子

检查结果很快就出来了。

我没有问题，老张有。

我依稀记得那时候公婆不可置信的脸色，前后截然不同的态度，心底升起一股子隐秘的解脱放松。

老张说不会离开我，那么，我也不会离开他。

我们还是生活在一起，我们还是没有孩子，公婆没有再对我说一句重话，日子似乎也能过下去。

只是无数次的，我兴起了离婚的念头，一个孩子，对于渴望家庭的女人来说实在是太重要了，但每次说出口之前，我都忍不住想到老张的好，比起从未出现在我生命中的孩子，老张似乎更加重要一些。

那时候的我大概是带着居高临下的施舍，后来我这么想。

一直到去年的某一天，我心血来潮地打扫起杂物间，那个藏在最深处的小盒子里头放着两份检验报告，是当初我跟老张一起做的。

老张没有问题，有问题的，是我。

我不知道自己是怎么离开杂物间的，想到这些年的趾高气扬，看清楚自己的面目可憎。

“你为什么不告诉我？”我问老张。

“我喜欢看你笑，看你自信的样子。”老张笑起来还是满口白牙，皮肤还是那么黑，对我，也一直那么好。

“你还骗过我什么？”

“我也喜欢吃薄荷糖。”

“那时候我应该到深圳打工，却留在了这个城市。”

“我爱你！”

如果“我爱你”是一句谎言，那么，我希望它能骗我一辈子。

做好这三点，你的婚姻肯定会幸福

* * * * * *

美国婚姻专家温格·朱利在《幸福婚姻法则》中写道，在这个世界上，即使是最幸福婚姻中的夫妻，一生中也会有 200 次离婚的念头和 50 次掐死对方的想法。

恋爱是浪漫的，婚姻却是现实的。每一棵大树的茁壮成长，要接受阳光，也要包容风雨。每一段幸福的婚姻，更需要用心去经营。如何不让婚姻成为爱情的坟墓？只有做好以下这三点，你们的婚姻才会变得更加幸福而有趣。

01 保持独立，共同成长

我的表姐是我特别敬佩的一个女人。去年一毕业就嫁给了谈了三年的男朋友，婚后表姐过起了相夫教子的生活。

身边很多女性，她们婚后的世界里只剩下老公和孩子，整天素面朝天、患得患失，被家庭琐事和婆媳关系所累，为家庭付出了全部时间、精力和感情，变成了黄脸婆。同样步入婚姻的表姐，却依旧活得像一个豆蔻少女，举手投足之间都充满了魅力。

后来我才了解到，原来结婚这几年来，表姐在家一直坚持大学时期写作的爱好，不断学习创作投稿，目前在一家知名杂志担任副主编一职，空闲时间还会在健身房兼职瑜伽教练。

这份工作给了她自信的底气，更赢得了家人对她的尊重。周末和小姐妹约上逛街买衣服、包包、化妆品，或是聚会旅游给公公婆婆买生日礼物，表姐都不用伸手问丈夫要钱。不管是经济上还是精神上，表姐都活得骄傲而独立。

前段时间表姐夫带表姐参加公司展览论坛，台上的表姐夫成熟稳重、事业有成，台下的表姐精致容颜美得光彩熠熠，两人目光交织，满眼的爱意，以及不自觉流露的幸福感，羡煞旁人。

《简·爱》里有这样一句话:“爱是一场博弈，必须保持永远与对方势均力敌，才能长此以往地相依相惜，因为过强的对手让人疲惫，太弱的对手令人厌倦。”

所以在这场“博弈”中，真正幸福的婚姻是彼此相互依赖，但又各自独立。绝大部分惹人羡慕的幸福婚姻，都没有看起来那么简单。更多的是凭借两个人同步成长和爱。

02 理解包容，好好沟通

同事小小和老公是在父母的介绍下相亲认识，当初老公追她的时候，没少花时间和精力，身边的亲朋好友都是他们爱情的见证人。但真正在一起后，两人之间的争吵、矛盾越来越多。

结婚后，婆婆又催着她生孩子，于是小小很快就当了妈妈。产后抑郁再加上那段时间丈夫处于事业上升期无暇照顾她，她的脾气开始变得暴躁，经常为了一点鸡毛蒜皮的小事就和老公发脾气。老公和朋友出门喝个酒，她要随时查岗。手机没电回家晚了，她要调查原因。顺路送女同事回家，她要吵闹纠缠。几次争吵之后老公摔门而出，空荡荡的家里剩下的就只有小小的哭声。

她满心委屈向我诉苦：“我还不是为了他好，想让他回家多陪陪我和宝宝，他胃不好怕他喝多了伤身体，回家晚电话也打不通担心他出事，送女同事回家并不是不行，可他却撒谎还被拆穿了。”

老公也连忙解释：“有了宝宝之后，我只是想更加努力工作给她们更好的生活，喝酒也是因为工作需要应酬推脱不了，有时候在外边跑市场，忙起来的时候确实没有顾及手机没电，送女同事回家撒谎编理由是不对，但也是害怕她胡思乱想。”

两个人明明是为了对方好，却不能心平气和地坐下袒露心事，好好沟通表达出来，这样的婚姻让双方都陷入了痛苦。

要知道婚姻是两个人在一起过日子，遭遇委屈不满时，要充分信任对方，多换位思考，给对方机会，好好沟通，倾听他的苦衷。彼此的包容与理解是爱里最温柔的部分，这样的婚姻生活才和睦美满。

03　懂得浪漫，相互赞美

之前在微博看过一条新闻，江苏一所师范学院的老师何海芹，平时上课就特别受欢迎，神采奕奕，精神抖擞，同学们都亲切地称呼她为何奶奶。

在何奶奶即将退休的最后一节课上，老伴专门来到课堂送给何奶奶一束精心准备的鲜花，下课后贴心地帮何奶奶收拾教具，和学生们拍照留念，两人全程笑得跟孩子一样，最后骑着自行车一起回家。

特殊的日子，浪漫的鲜花，贴心的拍照，幸福的笑容……有爱人陪伴，普通的小事就变得有仪式感。看着两人骑车远去的身影，竟有一种衣襟带花、岁月风平的感觉。

我身边也有这样一对注重仪式感的模范夫妻。每天早晨丈夫准备好爱心早餐，出门前妻子为他整理好衣服。妻子会在他忙于应酬酒醉回家时为他准备一杯蜂蜜水，在他生病的时候亲手熬一份小米粥。丈夫会在她生日的时候精心准备一份小礼物，周末买菜路上顺手买一束玫瑰花。

妻子买了新裙子，丈夫马上就发现了，站在身后赞美半天。丈夫生日的时候妻子送他一双新鞋，他表扬妻子真有眼光，鞋子很好看……

长此两相往来，当然日子越过越和美。

可见婚姻的美好，正是由这一个又一个的微妙的瞬间构成，这些看似微不足道的仪式感，能麻醉平淡生活中的劳累与烦恼，提醒婚姻中的我们感恩和珍惜，用浪漫和赞美重新找回初恋般的爱和依恋，执子之手，与子偕老。

在一段幸福的婚姻中，独立成长、理解包容、浪漫赞美，这三点缺一不可。

婚姻是夫妻双方的事情，所以请好好用心经营自己的婚姻。如当年的誓词，我们将共同肩负起婚姻赋予我们的责任和义务：上孝父母，下教子女，互敬互爱，互信互勉，互谅互让，相濡以沫，钟爱一生。

婚姻里有潜规则吗？

* * * * * *

所有事物都有它特定的、必须被遵守的规则，婚姻也一样，只有遵守这些规则，婚姻才能健康发展。那么，婚姻里都有些什么样的潜规则呢？

01　幸福需要物质基础支撑

谈恋爱可能更注重精神层面的追求，但婚姻不同，婚姻是需要落实到每一个生活细节中去的，小到柴米油盐，大到车子、房子、孩子，哪一样都离不开钱，这是很现实的问题，所有人都无法逃避。因此，稳定的工作和收入对婚姻的意义是不言而喻的。

没有一定的物质基础就根本没资格谈论幸福，“贫贱夫妻百事哀”说的就是这个道理。想吃点好的都有可能引发一场家庭矛盾的日子……

激情澎湃支撑得起一场恋爱，但绝对维持不了一段长久的婚姻。拜金主义不能要，基本的物质基础绝对不可以少，这是对婚姻负责，更是对自己负责。

02 婚姻是各取所需，不是无私奉献

相信很多人结了婚以后都有过这样的困惑：没有婚前对我好了，以前是多么温柔体贴、百依百顺，现在居然开始要求我做这做那，是不是不爱我了？

不是的，这只是大多数婚姻必然会经历的一个过程。婚姻本就是一个各取所需的结合，并不是一人对另一人的无私奉献。每个人都希望在一段婚姻中有所收获，比如得到精神上的慰藉，比如得到经济上的支撑，比如得到生活上的照应。

如果你自始至终抱着只索取不付出的心态，最终只会自尝苦果。

03 夫妻间不存在领导

相信不少人都听到过自己的老公在朋友面前说这句话：“她是我们家领导，她说了算。”这样的老公确实让人羡慕，且不说是不是玩笑话，但至少在朋友面前给足了你面子。

就算平时他是这么执行的，你也千万不要真把自己当作领导。小事上，这句话可以当真，但遇到大事的时候，千万别独断专行，一定要一起商量。

夫妻本是一种平等的关系，不论男女，也不分赚得多少，谁都不是谁的领导。相互尊重，彼此包容，遇事商量，婚姻才能可持续发展。

04　争吵的时候不要拿离婚斗气

俗话说，没有不吵架的夫妻。过日子有争执是在所难免的，吵架也不见得就是坏事，就事论事的争吵远比各自闷在心里不说要好上一百倍。吵架必须要有分寸，绝不动手打人，绝不人身攻击，绝不辱骂对方父母……这些都是最基本的要求。还有一条底线也是万万不可触碰的，那就是拿离婚来斗气。

婚姻不是儿戏，说结就结说离就离，那是过家家。一吵架就把离婚挂在嘴边，也许你只是想以此发泄自己的情绪，但对方听了的感觉是，你根本没有把婚姻放在眼里，只是将它当作一个随时可以丢弃的东西。

既然不想真离婚，就不要拿离婚去赌对方的容忍度，代价太大，你输不起。

05　婚姻不是救世主，只有自己才能救自己

总有人在婚前对婚姻寄予太高的期望值，他们对当下的生活状态

可能并不十分满意，往往企图用婚姻来改变自己今后的人生。

诚然，婚姻的确可以影响一个人，甚至改变一个人的人生。但它是把双刃剑，能给你带来好的影响，当然也可能带来坏的影响，而能决定这一切的还是你自己。如果你是个优秀的人，想必你的对象也差不到哪里去；如果你能用心经营婚姻，往往也能得到正向的反馈……千言万语一句话，自己好了，婚姻才会好。

如果你的人生本就过得一团糟，又不愿在婚后做出更多努力，别指望结个婚就可以救你，不自救者天不助。幸福的生活需要自己争取。

很多人都知道婚姻需要用心经营，也确实为此付出了许多努力，但依然处理不好夫妻关系。这个时候你就该看看是不是忽略了这些需要遵守的潜规则，如果不能认识到以上这几点，花再多的心思也依然维持不了一段长久美好的婚姻。

感情中，我们不该容忍这些

* * * * * *

01　我爱他，也爱他的坏脾气？

这两天持续高温，心中烦躁，偏偏昨夜凌晨两点，一个闺密还给我打电话诉苦，无非是又跟男朋友吵嘴了。

从大学毕业到现在，闺密跟她男朋友相爱了 7 年，他们同校不同系，男方是本地人，毕业那会儿闺密毫不犹豫地选择留下来，也不管老家的父母已经给她安排了清闲的工作。

刚开始那会儿他们的感情是真好，朋友圈整天“虐单身狗”，看得我恨不得屏蔽了他们。

结果好景不长，同居了三个月之后，甜甜蜜蜜的朋友圈就变得五颜六色起来。闺密时常跟我们抱怨，都是些生活琐事。

但是这次不同，电话那头，她的声音都哭哑了，最后说道："小白，我真的坚持不下去了，决定跟他分手回老家了。"

坚持了快7年的爱情说散就散，她肯定是撕心裂肺的，原因很明确，男方的脾气实在是太差了，动不动就吼人，蜜月期之后，甭管说什么，最后都会变成他在教训人。

我曾见过一次，大家约好了一起吃烧烤，闺密大概是爱打扮慢了一些，导致他们都迟到了，结果那天从出现到散场，男生一直在骂闺密，无非是女人就是麻烦，为什么不快一些，以后再也不跟你出来之类的话……

那时候我们曾经劝闺密：这男人脾气也太差了，在外头一点面子都不给你，你可不能一直忍着。

闺密那时候说："我爱他，也爱他的坏脾气。"

大概女人陷入爱情的时候都是盲目的。"我爱他，也爱他的坏脾气。"听着多浪漫多高尚啊，但一天两天还行，爱情能够给坏脾气披上容忍的防弹衣，但日子久了，再厚的防弹衣也会被穿成筛子。

朋友、爱人，甚至是亲人，一味忍耐从来不是相处之道，三从四德早就成了历史，在一起的时候固然要相互体贴，但对方有你忍受不了的缺点也得说出来，你不说，他怎么改？

02 你可以为我好，我也要有自己的选择

这让我想到我小区里的一对老夫妻。

老夫妻俩都七十多岁了，儿子在外地工作，偶尔周末来探望二老，所以平日里都是二老相互照应。老奶奶行动不便，哪儿都不愿去，但老爷子又不愿把她一个人丢在家里，所以每天不管去哪儿，都会推着老奶奶一起去。在我们眼里，他们就是一对形影不离的恩爱夫妻。

有一天我在小区附近的超市买菜，出来的时候正好看到这对老人。令人哭笑不得的是，他俩在门口因为要不要进去这个问题而吵了起来。

原来老爷子想去超市买点鸡蛋，就习惯性地推上老奶奶出了门，而老奶奶原本是在家看电视的，莫名其妙地就被推到了超市门口，一路上老奶奶都在表达她的不满，但老爷子充耳不闻。直到被推到超市门口的时候，老爷子终于忍不住说了句："带你来超市纳凉还不领情，我这都是为了你好。"这下，老奶奶的脾气上来了，死活不肯进去，两人就在门口闹了起来。

我听了不禁莞尔，劝住了老奶奶，陪着他们买了鸡蛋，然后一起回家。

一路上，老奶奶还在闷闷不乐地和我说："老头子年轻的时候就脾气不好，喜欢自作主张，但那时我可不怕他，现在动不了了，斗不过他了。"

我忍不住就笑了出来，开玩笑地对老奶奶说："那你能忍下来一定

是真爱啊。”

谁知老奶奶竟说:“我可忍不下来，我最受不了的就是他那臭脾气，年轻那时候我想买条裙子，我觉得黄的好看，他觉得红的好看，都能直接给我换成红的。当时我气得啊，心想要是一辈子跟这么个人过，那我还不得被火气憋死，我还能不能有点选择自由权了？这日子我是过不下去的，心一横，就想，能过就过，不能过就散。他要是再敢自作主张，对我发脾气就跟他吵，没想到这老头还知趣，后来就慢慢表现得好起来了。”

旁边的老爷子哈哈笑着，摇头说道:“得得得，就我脾气不好，不就是想看电视吗，回去陪你看还不成吗？”

03　爱要勇敢说出来，恨也要

婚姻爱情之中，最可怕的莫过于说一句，我这都是为了你好。

然后你回答说:我爱你，也爱你的坏脾气。

就像闺密的爱情，她一开始以大无畏的精神爱了那份坏脾气，一面默默忍受着其实并不喜欢的坏脾气。

直到有一天，闺密再也忍受不了了，痛哭着说了分手，男方还一脸莫名:我们不一直都是这样的吗，为什么一开始没问题，现在就不行？是不是你没那么爱我了？

别再说我爱你，也爱你的坏脾气。你不说，他就不懂，谁也不是你肚子里的蛔虫，别指望坏脾气的男人自己就会改好了，你得一遍遍告诉他，这样是不行的，你是不接受的，如果他真的爱你，会愿意为你收敛自己的脾气，在磨合中你们才会找到最佳的相处方式。

别因为心软就原谅了打着“我是为你好”名头的霸权，如果他做的让你不舒服，不管是不是为了你好都得说出来，你可以委婉，但不能沉默。沉默在他的眼中就成了默许，别等到忍受不了爆发的那一天毁了你们的爱情。

谁都看得出来老夫妻真挚的感情，但如果年轻的时候老奶奶因为爱而选择了忍让，爷爷很可能变本加厉而不自知，我不知道那样子的他们能不能携手走到今天，但可以肯定的一点是，他们的感情绝对不如现在和睦。

正是因为老奶奶的“不忍让”才让老爷爷逐渐意识到自己存在的问题，慢慢改变了自己对妻子的态度，这样的感情才是成长型的，这样的婚姻才会是良性持续的。

真正好的爱情，它应该是相互扶持、彼此包容、互相指正、共同成长，而不是一边倒甚至无原则的宠溺和忍让。“我爱你，也爱你的坏脾气”大概是等同于“我养你”，是爱情中最毒的情话之一。

Part 7

你的弯路，都是你的礼物

你曾为了这个家吃苦耐劳，

有一天，

家会帮你挡住外面的狂风暴雨。

家庭，对中国人来说到底有多重要?

* * * * * *

01　家，不只是婚姻，还有陪伴

昨天下班跟老妈电话，她欲言又止，最后怅然地告诉我，以前住在我家对门的爷爷过世了。

我很震惊，记忆中他身体很好，清明节回去的时候还看见他到处转悠。

妈妈长叹了一口气，说:“他啊，就是想不开。”

原来那位爷爷一生没有结婚生子，有几个侄子侄女，并不亲近，如今年纪大了，有些老年病，最近一段时间他想要去大城市看病，一直找不到人陪同。

老人家一个人瞎琢磨，越来越想不开，最后一根绳子结束了自己的生命。

有人陪同去医院，多简单的愿望，多朴素的请求！中国人总是羞于讲出自己的恐惧，但是谁不怕垂垂老矣的时候，找不到一个陪同上医院的人呢？

近些年总是听到有人说单身很好，想要单身一辈子，我想，单身也许并不是那么好。

年轻的时候我们还有家人、朋友，慢慢的，岁月会一个个带走他们，最后你的身边还有谁呢？我不需要爱人，但我需要有个家，一个让我拥有归属感，踏踏实实安心下来的地方。

家是什么呢？它是一束温暖的灯光，照亮你回家的路，让每一个夜晚不再孤单；它是一碗热腾腾的汤面，温暖你的肠胃，让生活变得有滋有味；它也许带来许多的烦恼，伴随着柴米油盐酱醋茶，但总能让你暖心一笑；它可能并不富裕，却有贴心的话，浓浓的亲情，让你想起来总是开怀。

02　吾心安处

有一个富翁醉倒在他的别墅外面，他的保安扶起他说："先生，让我扶你回家吧！"富翁反问保安："家？！我的家在哪里？我没有家！"

保安大惑不解，指着不远处的别墅说："那不是你的家么？"

富翁指了指自己的心口窝，又指了指不远处的那栋豪华别墅，一本正经地，断断续续地回答说："那，那不是我的家，那只是我的房子。"

家不是房屋，不是物质堆砌起来的空间，家需要有爱的人，需要那份真挚的情感，有一个牵挂的人。

有他在，家在这里上升成了信仰，这才是你的家。

也许将来我们会有丰厚的退休工资，但家庭带来的安全感是任何事情无法替代的。

家是一个让你安心的地方，累了，苦了，烦了，痛了……你都可以在家里得到释放。在家里，你不用掩饰自己，不用伪装，身边的人会心疼你。安慰你、谅解你，让你慢慢平静自己的心情。

家是一个依靠，也是一种负担，我们背负着责任前行，不得不被激起勇往直前的心。

你曾为了这个家吃苦耐劳，有一天，家会帮你挡住外面的狂风暴雨。

03　拥有了家人，你就是富翁

拥有幸福家庭的人，必定具有爱与被爱的能力。

幸福的家庭都是相似的；不幸的家庭各有各的不幸。

家是一种文化，是一种情怀，夫妻好比两条腿，想要走得稳，走得远，谁也离不开谁。

家不是讲理的地方，夫妻之间不如难得糊涂；

别把你的坏心情带回家，把家放在你心上最柔软的地方；

给家人足够的信任，别让猜疑毁了你的幸福；

让家庭充满炊火和油烟，吃出越来越暖的凝聚力。

一个幸福的家庭不是没有吵架声，而是吵得再厉害也不会过夜。

家是一个充满亲情的地方，它有时在竹篱茅舍，有时在高屋华堂，有时也在无家可归的人群中。没有亲情的人和被爱遗忘的人才是真正没有家的人。家是亲人和亲情，不是你居住的大房子。

家庭主妇到底怎么了？

* * * * * *

曾经《我的前半生》热播一片，被身边的朋友安利了许久，我也忍不住看了几集，给我影响最深刻的是马伊琍扮演的女主角罗子君，她原本也是名校毕业的优秀人才，因老公一句我养你，就甜甜蜜蜜地做起了家庭主妇，当起了人人羡慕的阔太太。

她的小家很富裕，老公事业有成，确实和承诺的一样养着她，顺带还养着她的妈妈和妹妹。罗子君的家庭主妇生活比一般女人还来得高级来得自由，保姆可以照顾起居，逛商场完全不用在乎衣服上的价格标签，不需要操心孩子能不能上哪儿哪儿的好学校，因为老公买得起更好的学区房。

这样的生活不好吗？好，当然好。可结果显而易见，罗子君的老公出轨了一个相貌平平，不如罗子君的女人。所以，家庭主妇到底怎么了？

01　任何承诺都是有期限的，包括我养你！

记得看《喜剧之王》的时候，周星驰对张柏芝说的那句“我养你啊”，尤为动人。

当一个男人和你说：我现在有能力养你了，真的舍不得看你这么辛苦。不想你在公司被上司训得灰头土脸，也不忍心你累了一天下班还要照顾我的饮食起居。等我们有了孩子，你也可以安心照顾他。

我相信说这些话的时候，男人也是真心实意在为你着想，“我养你”是因为我了解你的累，心疼你的苦，有能力有实力并且有心意要给你一种轻松的生活，这不只是一句情话，更是一句诺言。

但很多人都忘记了，人是会变的，更何况是诺言，说的时候再真心，也抵不过岁月变迁。时光是世界上最残忍的东西，会把一切的美好变得面目全非，如果你把主动权交给了命运，你就别怪它让你体会辛酸苦辣。爱情，恰恰是最善变的东西。

02　家庭主妇到底有多累？

看似每天悠闲无比、轻松自在的家庭主妇，真的有我们看起来的那么轻松吗？

早上5点左右，还未洗漱就起来做早餐，送孩子去上学，然后匆匆忙忙地去市场买菜；接着就回家做饭、擦地板、打扫卫生、洗衣；给全家人准备晚饭，照顾孩子用餐；饭后清洗餐具，不一会儿就得哄孩子们上床睡觉。

一位妻子的日常生活：从清晨开始忙碌到深夜。

这不是最可怕的，最可怕的是在你一天的忙碌之后，下班回家的老公瘫坐在沙发上，凉凉地说了一句，你整天在家待着啥事儿不干，有什么好辛苦的？

勤勤恳恳付出的家庭主妇通常都讨不到好处，她们有一个专有的名词，叫作黄脸婆，就是男人在外头，一谈起来就带着几分不耐烦的那个女人。

相比起这样的家庭主妇，罗子君还算是幸运，因为她的丈夫至少有能力请得起保姆，让她能有大把大把的时间逛商场，把自己打扮得光鲜亮丽。

只可惜婚姻也没有因为她的美貌而变得更好一些，在男人的眼中，这个被他养着的女人就是菟丝花，所有的养分都要靠着自己供给，没有一点自己的品格，美则美矣，却比不过外头那些花花草草。

何况一个人总不能一辈子像另一个人讨生活，伸手要钱哪比得上从自己口袋里掏钱来得自如。我见过一个全职妈妈，手工很好，在照顾好家庭大小事儿的同时，把空下的时候都拿来做手工，给一些淘宝店铺做刺绣，赚的也不多，辛苦是一定的。但有了零花钱，生活似乎也变得更快活一些。

家庭主妇很轻松吗？全然不是。也许存在那么少数一些人的确老公宠爱幸福美满，但大多数家庭主妇并没有那么舒服。

03 家庭主妇的“单身力”你有吗？

有读者留言和我说，自己身为家庭主妇，为这个家费尽心力，遇上不懂感恩的丈夫，无论如何都很痛苦。也羡慕那些光鲜亮丽的职场女人，想要做点什么，却发现与社会脱轨太久，已经不知道哪里还有自己的位置了。

我的一个表姑也是一个名副其实的家庭主妇。婚后不久怀孕生了表弟，婆婆和妈妈都不愿给她带孩子，她只好辞掉工作做起了全职太太。表姑安心在家之后，很忙，表弟小时候身体不太好，半夜能哭好几个小时。再长大一点，他们又有了二宝，整个家就更不省心了。表姑父是个甩手掌柜，孩子哭了喊老婆，饿了渴了喊老婆，从来没给孩子换过尿布。唯一的优点就是他会赚钱，也舍得给表姑花。

表姑比不上那些办公室里的靓丽女强人，但辛苦的主妇生活让她过得也不差。

表弟被表姑教育得成长为妥妥一枚暖男，阳光快乐，又贴心。从小生活习惯就很好，自己吃饭，吃饭不挑食，吃完自己推婴儿餐椅归位。爱看书，经常抱着书自言自语。对妹妹也很好，有当大哥哥的样子。

表姑呢，也在琐碎的主妇生活中找到了自己的小幸福，坚持有时间就看书，还兼职接了稿，不出门也有自己的小收入。早睡早起，每天跑步陪着孩子一起做运动，看书写稿做笔记，写的东西比我有深度。

说实话，我很佩服表姑。不是你做了母亲，做了家庭主妇就是全盘牺牲，保持健康的心态，也能找到最适合自己的活法。最怕的是，你一边抱怨一边做不出任何实际上的改变，那才是最鸡毛最消极的活法。

《围城》里面写道：婚姻就像一座围城，围在城里的人想逃出来，城外的人想冲进去。

两个人在一起生活，岂止是一项艺术，简直是修万里长城，艰苦的工程。这项工程要是你一个人在出力，可能累死都修不到完好的一天。幸福的婚姻并不是一座围城，而是一个大写的“人”字。你是那一撇，而他就是那一捺，两人需要互相支撑，少了谁都不行。

但要记住，相互支撑不等于你要依附于男人，我们常说婚后需要保持“单身力”，同样的，即使是家庭主妇，你也一样要保持自己的“单身力”，并不是依附男人才能寄生的藤条，我知道你很好，但我也不差，命运要牢牢抓在自己手中。

一个好的家庭主妇应当是我既上得了厅堂，下得了厨房，哪天我想重出江湖了，也能最快地找到我自己的位置。我的安全感完全来源于我自己，而不是任何其他人。

这个时候，我的孩子也能骄傲地说：我的妈妈是个美丽得体又十分厉害的家庭主妇。

妈，我求你离婚吧

* * * * * *

01　他们为什么不离婚？

“我的妈妈要结婚了，不过新郎，不是我爸爸。”

这是昨晚表弟给我发来的信息。他爸爸也就是我舅舅，和舅妈的婚姻，争吵了 8 年。

表弟从初中到高中，无数次问我：“姐，我爸妈为什么不离婚？我妈很不开心，我很愧疚，也很痛苦。”

舅舅从表弟上初中开始，就没赚过钱。他要么在家研究六合彩，要么出门打牌。舅妈和朋友合伙开了家服装店。这是他们家的经济来源，生意做得还好，收入也算可观，但这也抵不住舅舅一个通宵的赌博。

赌博是个无底洞，舅妈在这之后的 8 年里，哭闹、争吵、失望，表弟说：“那时候我就期盼着我爸不要回家，回家他们就吵架，一个凶神一个恶煞，什么话都能说出来。我妈天天都哭。”

夫妻间已经没什么感情，但舅妈坚持为了表弟，不离婚，不得不这样痛苦地生活在一起。

他们都以为表弟不懂，其实表弟对父母的情绪十分敏感，他什么都懂。

大多数家庭都是这样，妈妈总是告诉孩子：“妈妈都是为了你，等你长大了，就知道妈妈到底熬得有多辛苦。”

爸爸妈妈假装开心，孩子也假装在开心。爸爸妈妈以为维持一个完整的家庭是为了孩子，可孩子要的到底是“一个完整家庭”还是“一个幸福的家庭”？

妈妈结束了这段婚姻，表弟觉得松了一口气，他说他妈妈终于得到了解脱。在妈妈再婚那天，表弟抱着妈妈说：“妈妈，这些年我一直很愧疚，我只希望你快乐，不想看到你为了我委曲求全，我也很痛苦。今天，我真为你高兴！”

是啊，对于孩子来说，可能家不完整了，可与其相互争吵，不如分开各自相安无事。只要爱孩子的心没有变，那么他也知道，自己的爸爸妈妈都在，只是不住在一起而已。

02　婚姻中保持自我成长的能力

我母亲的一位好友梁姨，和丈夫离婚、复婚再离婚。

第一次离婚的原因是丈夫对婚姻的不忠。孩子小离不开她，梁姨忍气吞声，默默地当作什么都没有发生。而丈夫却变本加厉，整夜不回家。

家里成了肥皂剧现场，每天定时上演翻脸无情的戏码。最终在那个女人的挑拨下，丈夫对梁姨动了手。梁姨起诉离婚，唯一怕的是争不来孩子的抚养权。

梁姨和丈夫结婚后经济上并不独立，法院以孩子日后需要更好的教育为出发点把孩子判给了丈夫。好在离婚后，丈夫没有禁止她的探望。这之后不久，丈夫便让那个女人进了家门。

丈夫并没有和那个女人在一起多久，梁姨的公婆不知道以什么理由逼走了女人，并央求梁姨再给自己儿子一次机会。丈夫也学乖了很多，离了婚反倒更能心平气和地坐在一起谈孩子的成长教育。于是，梁姨为了孩子心软复婚。

复婚后丈夫也的确顾家了许多，一切似乎都向着好的方向发展。直到一年半后梁姨再次发现丈夫在外有人。梁姨说不后悔复婚，但不代表能再次原谅同样的过错，最后再次离了婚。

梁姨复婚的这一年多，更注重事业和家庭的平衡。她把和丈夫斗气的时间省下来，做自己真正喜欢的事儿，重新学习与社会相处，经济上也独立起来。丈夫的一错再错终于失去了孩子的抚养权，法院也认同了梁姨的经济能力。

上周梁姨和我妈在大理游山玩水，笑得很甜。梁姨的孩子也已经工作了，为人处事得当，性格也十分开朗。

在婚姻中保持自我成长的能力，把自己活好是尤为重要的。孩子不是你将就的理由，如果说一切为了孩子，那么只有你成长起来才能给孩子幸福，你和孩子才能漂漂亮亮地走进新生活。

03 幸福就好

在网上看到一段很火的视频，一个男孩问他的父母："爸妈，我不结婚可以吗？"

这对父母的回答很让人动容，"不结婚不要孩子，都可以，只要你觉得幸福快乐即可！人生多大点事儿，结婚不是人生的终极定义，怎么样都是一辈子，幸福就好。"

"幸福就好"，这么简单的四个字有多少人穷其一生都没有看透。

结婚生孩子，本就是奔着"幸福"去的。如果一段婚姻里你始终觉得不幸，却自我牺牲地说："为了孩子，勉强幸福。"为了孩子能健康成长，为了孩子的未来，我们保持了家庭的完整，不让无辜的孩子心灵留下阴影。可真相是，冷漠、争吵、隔离、打闹、僵持的婚姻更让孩子缺乏安全感。

而孩子呢？在你努力维持的这段"空壳婚姻"里，怀疑婚姻。在将来面对自己的婚姻问题时，也学着采取同样勉强幸福的应对方式。

如果说，真要为了孩子，请正视你们的婚姻，相互包容理解使这个家庭真真正正是幸福而又健全的。

倘若做不到，就请努力让孩子知道：“爸爸是个好爸爸，妈妈也是好妈妈，爸爸妈妈无论在不在一起，我们都一样，很爱你。”

偏心的父母，我该怎么去爱你们

* * * * * *

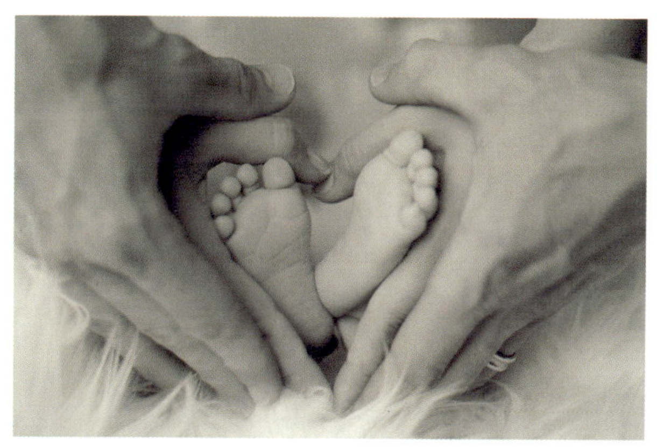

有句俗话说:“手心手背都是肉。”但也有人说:“人心都是偏的，五指也有长有短。”父母这一辈子会对孩子说很多谎，而最大的一句谎言就是:“我没有对哪一个孩子偏心。”

01　孙婶的女儿

孙婶是我邻居，这老太太最近搬来乡下住，说是乡下空气好，适合养老。可我们都知道，孙婶在城里的房子拆迁了，分到两套楼房。孙婶有一儿一女，却把房子都给了儿子。女儿女婿家并不富裕，两夫妻在城里租房子住。但夫妻俩对待孙婶是非常好的，女儿还时常去给孙婶洗衣做饭。

在乡下，消息是十分灵通的。邻居们说，孙婶接收房子签文件那会儿，特意叮嘱女儿不要回娘家，就这样悄无声息把房子过户给了儿子。她女儿事后知道真相，怎么也不相信母亲会这么防着自己。孙婶搬来乡下快 3 个月了，女儿没来看过一次。儿子更是没见过人影，孙婶老伴前两年走了，老太太就一个人过活。

后来孙婶住院了，我们去医院看她，这才见到她女儿。她在病床旁拧毛巾，给孙婶擦脸。见我们来，很客气地招呼我们坐。给孙婶掏医药费的是她女儿，夜里陪床的也是她女儿，孙婶说她儿子忙，小病就不耽误儿子工作了。

孙婶出院后，她女儿为了照顾她还在乡下住了一阵。天天买菜我们都碰着，熟悉之后闲聊谈到她弟弟，她说：“我爸走的时候，丧葬后事都是我在料理。这么多年，爸妈对弟弟多好我都看在眼里，不怕你笑，我都是有孩子的人了，想到这些还是想哭。可我爸走了，我实在不忍心见我妈一个人。”

无论出钱还是出力，孙婶女儿都比儿子做得多太多，可老太太说，老头走前有嘱咐，家产只能留给儿子。

同样是自己的孩子，你给这个孩子的爱是十分，却不愿意留一分给另一个。用孙婶女儿的话说：“那种委屈，就好像自己真是捡来的一样。如果真是捡来的，倒也会很感激。可难过的是，那都是亲生父母啊！”

02　父母的偏心最后伤害的到底是谁？

经常听到长辈们教导我们说：“天下没有不疼自己儿女的父母。”可事实真是这样吗？

发小老徐，是家里的老二。有一个哥哥和一个妹妹。从小她都特别自卑，性格上很敏感。一起玩的同学稍微有些不开心，她就会想是不是自己说错了什么话，做错了什么事。

小时候我们家对面就是她家，时常听到她妈妈骂她，骂得凶了还会拿棍子打。可她的哥哥和妹妹，我从来没看过她妈这么狠地责罚过。

有一次老徐突然跑到我们家，问她什么也不说话。我借口有作业不会，让老徐晚上留宿我家，她妈很无所谓地说“好”。

我和老徐躺在床上，她问我：“为什么每次不管是谁做错事，挨骂的总是我。为什么总是把好的给哥哥和妹妹，我什么都没有。为什么没有人愿意来爱我？”

老徐说着开始一抽一抽地哭，很压抑也很让人心疼。她断断续续地说着：“明明是妹妹拿的钱，明明不是我……”

我妈听到房间动静，安慰她说：“你比妹妹大，她不懂事儿，你稍微让她一点。她过后肯定知道错的。”

长辈们总是说：“你比弟弟妹妹大，要让着点。”老徐的哥哥也比她大，却从来没见过他让老徐。所有好的东西，都是哥哥一份、妹妹一份，有剩下的才轮到老徐。

老徐 20 岁出门打工，爸妈什么也没说。她哥哥在读大学，她妹妹在家里做乖乖女。等到她妹妹 20 岁，爸妈说孩子太小，不放心这么早出社会，去念了大专。

老徐说："小时候觉得，长大就好了。可现在长大了，也没有很好。这个过程，真痛苦啊。这么多年，我还是我们家的外人，一个透明人。"

老徐和她的兄弟姐妹，至今也依旧很陌生。孩子原本是血脉相连，都是爸妈的亲生骨肉，长大后原本可以是除父母外彼此的依靠，却生生地被父母的偏心分离成了最熟悉的陌生人。

试问，父母的偏心最后伤害的到底是谁？

03 愿天下父母都温柔而理智地爱自己的孩子

电影《唐山大地震》里有这么一幕：姐姐和弟弟同时被压在一块水泥板下，撬开这一头，那一头就会有危险；撬开那一头，这一头也会有危险。

于是别人问，救哪个？母亲近乎崩溃地选择了弟弟。但是，姐姐那时也听到了这句话。

弟弟被救了，他们以为姐姐必死无疑。可姐姐奇迹般地活了下来，但身边只有父亲的尸体，母亲带着弟弟去了医疗队。

最后姐姐被一对军人夫妇收养，养父母问她关于唐山的事情时，她总是闭口不言。30 年后，她才对养父说了这件事，她说："我不是不记得，是根本忘不掉！"

有多少孩子和她一样忘不掉，独自带着因为父母偏私留下的伤过了一辈子。这长长的一辈子，都活在不安、自卑和敏感当中，既不能自救，又无法敞开心扉等待他人的救赎。

偏心的父母啊，每一个孩子都是从你们身上掉下的肉，痛哪一块不是痛啊？不要让孩子的一生都活在这无法磨灭的阴影当中。

愿天下父母都温柔而理智地爱自己的孩子。

外婆啊，谢谢你，给了我一个这么快乐的童年

* * * * * *

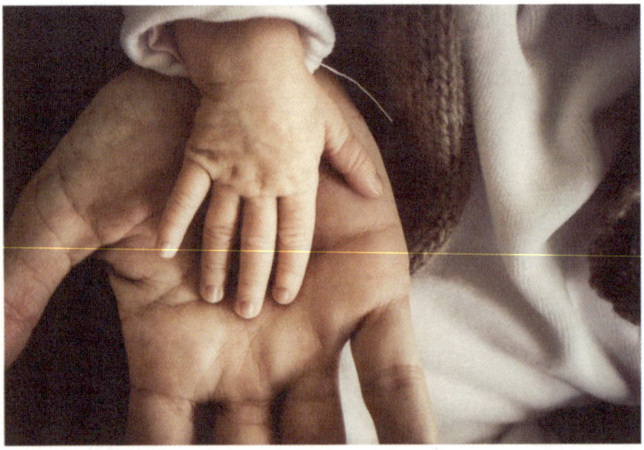

01 外婆一点也不老，她那么好看

小时候我和外婆住在一起，外婆用大口的锅做很好吃的饭菜，有时还会自己炒栗子。

每个邻居都知道我的名字，他们和外婆一样喊我“囡囡”。每户人家里都有一条长长的烟囱，像火车头一样，袅袅炊烟升起，外婆就喊：“囡囡，快回家吃饭了。”

外婆的手上有很多老茧，挠痒痒的时候粗糙却很舒服。外婆身材

微胖，眼睛总是笑着的，外婆留着和学生一样的齐耳短发，额头上的一道皱纹格外明显。

外婆一点也不老，她那么好看。

02 外婆呀！谢谢你陪我走过夏天

小学离外婆的家很近，走上十几分钟就到。我们要过一条河，中间几个大石头就是路，小一点的孩子都不敢跨，我也不敢。早上外婆给我捏个饭团，送我上学，过河的时候我背着书包，外婆就背着我，一步、两步、三步，外婆的步子很大、很稳。

放学了，外婆早早就来接我。过河前的那段石子路总有相熟的小贩卖零食，有冰糖葫芦，也有饼干、小苹果。外婆偶尔会给我买，看着我舔了一嘴的糖。

夏天的晚上，外婆就把竹床搬到家门口的大坪子上。没见过空调，没太用风扇，只记得外婆手里的蒲扇一直扇啊扇啊。

夏天的夜晚那么长，总会有三两只的萤火虫和烦人的蚊子。我就这样趴在外婆的腿上，抬头就能看见星星。月光是那么皎洁，外婆唱着好听的歌谣。

夏天时，外婆的农活儿很忙，我一个人放学，隔壁的大白鹅虎视眈眈。与它僵持半天，我鼓起勇气跑过去，鹅也一鼓作气飞起直追，张开大嘴咬向我。邻居的大黄狗也凶，汪汪汪叫个不停。

最喜欢果树挂满果子的时候，外婆种了李子，酸酸甜甜的。门口还种了橘子和柿子，和一大片竹林在一起。

我像个小富婆一样请朋友们来摘果子，也是在夏天，知了叫也叫不停的夏天。

我们家的鸡会生很多蛋，大的小的，去鸡窝捡刚下的蛋，像桂圆那样小，烫烫的。

外婆说这是给小孩吃的蛋，吃了会长得高。我陪外婆喂鸡，也跟着外婆养小鸭子。

小村庄里所有的屋顶都盖着土瓦，下雨屋里漏水，外婆就拿着脸盆到处接，我也帮着外婆一起接雨水。

这些有趣的事儿就像一根线一样，一串就串起了整个童年。

过年了，外婆在门外边点鞭炮，我躲得远远的，耳朵捂得特别严实。噼里啪啦地，挨家挨户都是鞭炮声，那时候我就又大了一岁，外婆也更老了一岁。

一年、两年……

外婆年年都准备好我的压岁钱。

10 年、15 年……

我开始给外婆准备压岁钱。

我离开那个小山村越来越远，好像一瞬间，我长成了大人。

03 外婆看着我笑，还是那么好看

瓦房不漏雨了，河被填成了平路，竹床被搬去了废物间。

夏夜的星星不那么亮了，果树也都枯死了，一起爬树的小伙伴都要不认识了。外婆也越来越老，白发多了，皱纹也多了好几道。

外婆还会坐在家门口的树下等我回家，我长成了一个大人，在你面前依然是个小孩。

外婆看着我笑，还是那么好看。

外婆啊，谢谢你，给了我一个这么快乐的童年。

逃离原生家庭，一切就会好起来吗？

* * * * * *

早上在朋友圈看到一条信息：自从离开原生家庭，我就过得快乐又自由，请让我永不回头。

01　每个人或多或少都存在原生家庭问题

她叫小 Z。

小 Z 是我初中时的同桌。说实话我在刚看到她的时候对她是完全没有好印象的，以至于同桌了相当长一段时间后，我都没有和她说过一句话。

小 Z 也从来不和我说话，甚至是不和周围的人说话。每当我无意间撞到她眼神的时候，她都是飞快地闪躲，然后不自觉地低下头。上课回答问题，从来没有人能听清楚她的声音。

那是一个大雨滂沱的早上，第一节语文课已经上了一半，我身旁的座位还是空的。

然后教室的门被敲开，小 Z 拿着一把破旧的伞站在门口，对着老师轻轻地喊了一声报告。

全班的目光都望向了小 Z：头发凌乱，脸上带着醒目的瘀伤，嘴角有撕开的破口。

班主任交代了一句“第一节课改成自习”后，立马就拉着小 Z 去了医院。

我当时就被这触目惊心的一幕吓到了。强烈的不安与好奇心促成了我后来和小 Z 的第一次对话。

也是这次对话，让我第一次了解了一个不幸的家庭。

小 Z 的父母在她出生没多久之后就离异了，小 Z 从小和母亲过。

小 Z 的母亲开了一个小小的发廊，在城市一个极其不起眼的角落。

后来小 Z 的母亲嫁给了一个经常光顾发廊的常客——一个货运三轮车夫。而这个人，就成了小 Z 的继父。

继父有两大嗜好：早上起来喝酒；晚上出去赌博。

可能是前一天晚上赌输了许多钱，夫妻俩发生了激烈争吵。那天早上起来，继父喝了很多酒。正在酒劲上的时候看到了正准备出门去上学的小 Z，拖住就是一顿暴打。

最可怕的是小 Z 的母亲并没有劝阻，而是带着咒骂的语气对着她男人大喊:“打死这个死丫头吧，我也不想养了。”

那时候我才知道，小Z的生母和继父都非常不喜欢她，平日里就把她当作出气筒，打骂是家常便饭。

而从小的家庭环境造就了小Z胆小懦弱的性格，不敢看别人的眼睛，不敢大声说话，对周围的所有人都带着极大的防备和不信任。

这件事给我的印象十分深刻，也让我一直特别感恩父母从小给予我的极大的爱与呵护，但纵然我的父母一直对我疼爱有加，在我的成长过程中难免也落下了一些原生家庭问题带来的困扰。

比如我的父亲对我从小就非常严格，崇尚“挫折教育”，很少对我积极上进的行为进行表扬，觉得那是理所应当的，但对我的错误会提出严厉批评，并且基本上不给我任何辩解的机会。

这很大程度上导致了我后来在对重大问题做抉择时的不自信与对自我能力的怀疑。

我们知道，人的一生中，会经历两个家庭。

一个是我们出生的家庭，有爸爸妈妈和兄弟姐妹。

另一个是我们长大后自己组建的家庭。

我们把第一个家庭叫作原生家庭。

显而易见的是，所谓原生家庭问题，其实就是父母在我们成长过程中对我们造成的一系列负面影响。世间无完人，所有的父母一定或多或少都存在缺点，因而这种负面影响对于每一个人来讲，都是或多或少存在的。

02　逃离，一切就会好起来吗？

曾在一个探讨家庭教育的帖子里看过这么一个故事：

作者邻居是一个卖猪肉的，老婆在生孩子的时候难产去世了。

他的肉摊就摆在家附近的菜市场，孩子小的时候经常跟着他一起出摊。邻居爱说脏话，经常当着孩子的面和菜场竞争的同行对骂，脾气又暴躁，时常和顾客起争执。

孩子从小耳濡目染，十分顽劣。

后来孩子长大了，开始上学，经常在班里惹是生非，欺负同学。

每次被老师喊去学校一次，邻居回来二话不说就暴打孩子一次。孩子不但没被教育好，反而越来越暴戾。

后来孩子慢慢长大了，没有考上高中，读了本地的一个技校，天天泡网吧，走马灯似的换女友，想方设法地向他父亲要钱。

技校毕业后，他强行向父亲索去了家里的老底，说要出去闯荡，从此就再没回来。

后来孩子在外面因参与抢劫被捕，警察通知到家里，邻居那个时候已经年老，孤苦伶仃没有亲人，自己也不会坐车去外省看他儿子，只好求着人陪他一起去。

那天他们在看守所聊了很久，邻居的孩子一直觉得自己会沦落至此全是因为父亲从小给了他恶劣的引导，他厌恶自己的父亲和自己的成长环境，所以他一毕业就决定彻底逃离自己的原生家庭。

他觉得只要逃离了，一切就都会好起来的。

而事实是一切并没有好起来。

他先是依旧天天泡网吧，后来没钱了就开始小偷小摸，再后来认识了几个臭味相投的人，终于有一天大伙儿决定做票大的，最后将自己送进了监狱。

不得不承认的是，原生家庭给孩子带来的影响可谓深入骨髓，尤其是在童年时频繁经受暴力事件影响的孩子，如果没有在后天进行良好的疏导与意识上的自我觉醒，往往走向两个极端：一个是极度暴力，一个是极度自卑。

这个孩子走向了极度暴力。

当然他也曾试图摆脱这种困境，只是他过于简单地认为逃离原生家庭就可以改变一切，却忽略了问题的本质：独立成长。

03 独立成长才是摆脱束缚的关键

反观小 Z。

自从那次和她聊开了之后，我成了小 Z 相当长一段时间里最好的朋友，或者说是心灵上的慰藉。

小 Z 至今都让我感到钦佩不已的是，她并没有因为自己的家庭环境而自暴自弃。

她一直很努力地读书，成功考上了高中，后来又考上了大学，虽然是专科，但她非常珍惜这次改变自己人生的机会。

所以纵然家里很明确地对她说没钱供她上学，她还是毅然踏上了

继续求学这条路，自己打工赚学费，拼着读完了 3 年，最后又专升本继续深造，拿下了本科学历。

毕业工作后她依然很拼，经常加班改方案，闲暇时间也不忘提升自己，又是学英语，又是考技能证，简直就和开了挂一样。

而随着个人能力的不断提升，收入也越来越高，小 Z 终于慢慢在她拼搏的城市站稳了脚跟。

小 Z 会每月给自己的父母寄钱，她曾和我说过，自己不会丢下父母不顾，但她也明确地和我说，绝不会把他们接过来住在一起。

我想这是她的真心话。

然而纵然是小 Z，也依然没有完全摆脱原生家庭对其造成的影响。现在的小 Z 虽然在工作和社交场合有了足够的自信，但在感情上依然是不自信的。

由于童年时缺少关爱，小 Z 对爱情的渴望要比常人强烈得多，每一段恋爱，她都看得比生命还重要，几乎就将男朋友当作自己情感世界里的救命稻草，死死抓住不放。

特别黏人、特别依赖、特别多疑等问题终于将她的前几任男友压得喘不过气，最后选择了离开。

“但每一次离开都是一次成长，只有不断成长，我才能渐渐成为更好的自己。”小 Z 说。

深以为然。

我们无法选择自己的出身，每个人的原生家庭都不是自己可以选择的。那么，抱怨改变不了任何问题。

而带着一走了之的放纵心态选择逃离，更是自欺欺人与自暴自弃。

纵然你逃得再远，如果你还是那个逃出来的你，你组建的新家庭依然存在同样的问题。

别忘了，你就是将来孩子的原生家庭。

不要把原生家庭带来的问题当作你不愿成长的借口。

原生家庭不能改变，但你可以改变。

我为什么不赞同你当“小三”？

* * * * * *

01　我不赞同你插足别人的婚姻

不知道从什么时候开始，我们一直在提及“真爱”，“真爱无敌”“真爱万岁”，但凡打上“真爱”两个字，好像都特别站得住脚。

想起看到的一个故事，说一个男人很苦恼，他爱上了其他女人，就跑去寺庙里问佛。

男人：圣明的佛，我是一个已婚之人，我现在狂热地爱上了另一个女人，我真的不知道该怎么办？

佛：你能确信你现在爱上的这个女人，就是你生命里最后一个女人吗?

男人:是的。

佛:你离婚,然后娶她。

男人:可是我现在的爱人温柔、善良、贤惠,我这样做是否有一点残忍,有一点不道德?

佛:在婚姻中没有爱才是残忍和不道德的,你现在爱上了别人已不爱她了,你这样做是正确的。

男人:可是我爱人很爱我,真的很爱我。我和她在一起这么多年,从来没想过要离开她。我要和她离婚后另娶他人,她应该很痛苦。

佛:你放心,痛苦只是暂时的,你只是她婚姻中真爱的一个过程,当你这个过程不存在的时候,她的真爱会延续到另一个过程。

男人:她说过今生只爱我一个,她不会爱上别人的。

佛:这样的话你也说过吗?

男人:我,我,我……

你今生是不是只会爱这一个人?你看连男人自己都回答不上了。他当初和妻子结发的时候,说得可也是那句:老婆,我是真的爱你,今生今世只爱你。

那么当这个男人背叛妻子再与你真心相爱,在这个故事里,你能确定不会有第四者或者第五者?

江山易改,本性难移,背叛不会只有一次。他能找到你,也能找到别人。更何况,有多少男人当真会为了这个“真爱”和原配离婚?

我为什么不赞同你插足别人的婚姻,因为你根本不知道这到底是真情，还是早就被人埋下的万劫不复的陷阱。

02 我希望，它对得起你的尊严

我们再来算上一笔账，叫成本问题。

一、生命健康成本；二、社会价值成本。

什么叫生命健康成本？不妨去网上搜一下关键字“小三”“婚外情”，跳出来的新闻都是血淋淋的报道。

小三遭原配扒衣暴打

女子拉着妈妈和婆婆打小三

小三被神秘人泼硫酸，最终毁容

……

我们说生命有且仅有一次，你插足的婚姻里对方也是人，重压之下冲动起来完全是不受控的。我们中国大多数人会选择给丈夫一次机会，但被曝光的第三者，谁会给你机会？

婚外情就像一个豆腐渣工程，一遇事就倒毁。有多少男人在外面拉着情人的手，深情款款地说着：“我爱你！”可是一遇到他老婆打来电话，他便三魂吓掉了两魂，立马脸就变了颜色。他老婆一个电话，他就乖乖地回了家。仔细一想，在婚外情中，一般男性都既要偷腥又不想擦嘴，既想尝鲜，又不想买单。

说白了，其实，男人更害怕离婚。离婚是一件伤筋动骨的大事儿，孩子、面子、票子等等，哪一样都是他自私的理由。这个男人既不会离婚与你厮守，又不舍得白白断掉你这儿的暖香玉榻，左右逢源，能拖就拖。

而情人呢，你一个好好的姑娘，就带着这个污点在社会上游荡，没有任何法律可以保障你的社会价值。倘若这个男人迫于社会压力离开你了，似乎是可以重新做个好姑娘了，但纸难免包不住火，再次曝光的代价就是一辈子的指指点点。

我为什么不赞同你当“小三”，大好一人，干吗非要把自己卷进一档完全赔本的买卖里去。

当一切尘埃落定，你会发现自己失去的比占有更多。

大家都在说，这个社会，婚外情、出轨……已经是稀疏平常了，这是这个时代的悲哀。但为什么要让时代的悲哀，造就我们人生的悲哀。

我不反对真爱，我愿你找到你的真爱，但我希望它一定是干干净净、堂堂正正的。

我希望，它对得起你的尊严！

Part 8

愿有一人，能懂你的好

愿久别的人都能重逢，愿有情的人都会相爱，

愿孤独的人都会遇见懂你的那个人。

遇到一个懂你的人，一定要和他在一起。

一生一世，一个便足够。

* * * * * *

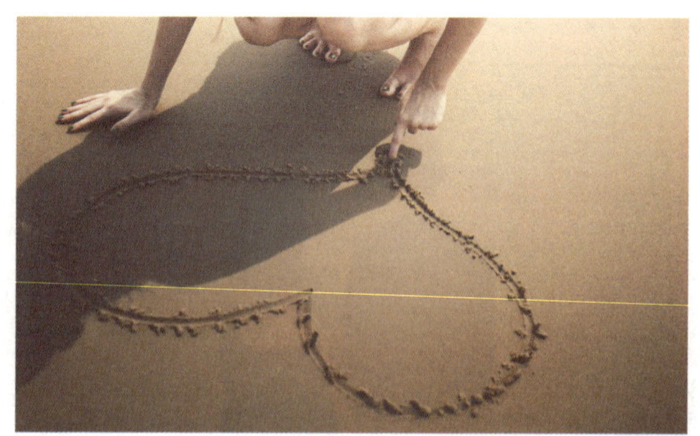

01　相爱容易相处难

一个老和尚把女人带到一座高山前，问：此山如何？女人说：伟岸、高大、挺拔、秀美。

老和尚说：跟我上山吧。

一路上山无语。走着走着，女人累了，乏了，路不好走，女人诸多抱怨。

等到了山头，老和尚问：你刚才看到的山现在感觉如何？女人说：这个山不好，都是碎石路，树也没长好。不过，远远望去，对面的山更美啊。

老和尚笑笑说：当你认识一个人时，就是远看高山，眼中满是崇拜；了解了，就是上山，你看到的都是普通细节；到了山顶，你眼中也只是看到另外一座山而已。

很多时候我们都觉得自己的婚姻过得不幸福，甚至觉得这生活简直无聊透了，平淡如水。其实你拥有了一切你想要的，只是靠得太近，越熟悉的人缺点被放得越大。

相爱容易相处难，婚姻的难处在于我们是和对方的优点谈恋爱，却和他的缺点生活在一起。夫妻关系重在相互理解，不能光看对方的缺点。

有人说，婚姻就是吵架冲出门以后，回来顺便买了个菜。

幸福美满的婚姻，是相互包容、相互爱恋的。指着对方的缺点过日子，能走多远？婚姻犹如行驶在大海中的一帆小船，有时风平浪静，一帆风顺；有时则有风暴，有暗礁，只有划动包容的桨，挂起理解的帆，同心协力才能到达幸福的彼岸。

要学会在淡了的茶水中品一种淡然的清香，学会在平淡的过程中品味婚姻的馨香。

02　最高级的爱，是一辈子不让你孤单

他向她求婚时，只说了三个字：相信我。

她为他生下第一个女儿的时候，他对她说：辛苦了。

女儿出嫁那天，他搂着她的肩说：还有我。

他收到她病危的那天，重复地对她说：我在这儿。

她要走的那一刻，他亲吻她的额头轻声说：你等我。

这一生，他没有对她说过一次“我爱你”，但爱，从未离开过。

婚姻里这样的不善言语、老实巴交的人，他们不会在你们的纪念日说多少爱你的话，只是默默地给你做上一桌子你爱吃的菜；也不会在你低落的时候带你到处找乐子，只是轻轻地把你抱在怀里轻声抚慰。

这世上，有一些这样的人，他们从不会甜言蜜语，不懂浪漫，却总能在你需要的时候刚好一直在。

幸福美满的婚姻，要的就是长情的陪伴，无声却有力。

最高级的爱，是一辈子不让你孤单。

03　幸福不过经营

穷苦了一辈子,老婆婆给人洗衣服多赚了3元,她悄悄买了一瓶酒,先藏起来准备给老头子一个惊喜。

老头子无意间发现了这酒，把这酒卖了，他知道老婆子给人洗衣服，手得注意些，于是买了一副实惠又好用的胶皮手套。

老婆婆发现酒不见后长吁短叹：老头子，我真没用，偷偷买给你的酒都给弄丢了。

老头子明白了什么，把手套塞给她说：老太婆，没丢没丢，这是你的酒换来的。

有一种婚姻叫相濡以沫，这是一种掺和了柴米油盐酱醋茶不离不弃、相扶相持的爱情。无论是贫穷还是富贵，无论是生病还是健康，无论是失意还是成功，都手牵着手，相互搀扶。在争吵中却依然关心着对方，在争吵中却依然牵挂着对方。

当爱情渐退了光环,渐减了光鲜,温情大于激情,亲情柔和了情爱,平淡也是一种美好。相濡以沫的爱，简简单单就好。

相互包容是幸福，真情陪伴是幸福，相濡以沫也是幸福。

幸福的婚姻到底是什么样子的?

有人说，它是傍晚时分湖边的搀扶；是家长里短后的一顿饱饭；它也是一件御寒的风衣，风也是它，雨也是它。

也有人说，它就是一个圆满的家，有夫妻、有孩子、有父母。是在外奔波疲倦了的鸟儿的归巢，也是避风的港。

如果你问我幸福的婚姻是什么，我只会说：

婚姻就像一年四季，幸福的婚姻应该是春天。在经历了寒冷的冬天、炙热的夏天、萧条的秋天，还是能长出绿色的枝丫，依然那么充满着希望。

一段幸福的婚姻，最终能不能来到春天，还是要靠彼此经营，靠彼此共同努力，共同成长。

婚姻免不了一波三折，时有惊涛骇浪，更如迎风摇曳的盆栽，贵在你悉心呵护。

所谓幸福，不过经营。

愿你在漫长的年月中，用心，用情，拥有长久而且幸福的婚姻。

你若许我天长地久，我便予你白头携手。

你的微信里，一定藏着几个这样的人

* * * * * *

01　他见证了那段经历

朋友 L 用炮轰式的语气向我吐槽前男友的那天，我正在电影院看电影。她在埃及旅行，因为朋友圈晒了照片，许久不联系的前男友突然诈尸般找到她，三言两语地寒暄后直奔主题，想让她带个有当地特色的纪念品，但原因却让人哭笑不得：送给自己的现女友。

L 的前男友是典型的理工男，国内某知名互联网公司程序员。工作勤恳，为人老实，无不良嗜好，唯独缺乏情趣。

L 有段话可以最生动地形容他们当初的生活状态：

我们在一起的时候，我就像那个每天换头像，24 小时在线的 QQ，总是闪啊闪，有说不完的话和无限的活力。而他就是那个躲在隐身列表里，顶着初始头像从没换过的人，你明知道他在，但他让你看到的，却永远都是一种不在线的状态，死气沉沉。

他们的分手可以说是意料之中的事，没有狗血的剧情，和平分手，各自安好。L 的又一句神总结就是：我过我的精彩生活，他过他的沉默人生。

但 L 其实是个非常重感情的人，她曾在分手后的很长一段时间里和我多次提到过她的前男友。她吐槽他，却从来没有诋毁过他，她说的每一句话都带着“怒其不争”的失落之意，我知道她在为这段感情惋惜。

我曾问 L，你会把他删了吗？

L 说，“不会，毕竟爱过。而且他虽说不上对我很好，但也没有做过什么对不起我的事，我们也没有发生过激烈的争吵。我们在一起的日子就像温暾水，虽然生活到最后终究是要归于平淡，但我还是想在我还年轻的时候，过一些不一样的生活。但我不会删了他。我遇见他的时候，正是我人生中又一次面临重大选择的时候。当时我考研失败，在继续考研还是找工作之间摇摆不定，是他让我坚定了信念，并最后做出了让我没有后悔的决定。我们没有到老死不相往来的地步，我还是感激他的，只要他不惹事，就让他静静待在我的微信里吧。”

我理解 L 的意思，她的前男友虽然已经成了过去式，也许往后他们也不会有什么联系。但他毕竟见证了 L 的成长，而那段经历已然成了 L 生命中最重要的一部分。

02 你的微信里一定藏着这么一个人？

昨天晚饭后，我收到一条来自 Z 先生的微信，他问及我近况，向我发出了去遥远西北城市游玩的邀请，并在最后附上了一张小宝宝的照片。

Z 先生是我几年前独自去西北某城市旅行时认识的，当时的他正因为惧怕婚姻而抛下未婚妻一人远行在外，我们在一家小面馆遇见，各种机缘巧合，攀谈良久，最后他在我的劝导下听从自己内心的呼唤，回去和未婚妻结了婚。

自那一别后，我们再没见过面，唯一的一次联系也是他结婚时向我发来的感谢。想不到的是，他都有孩子了！

我在感叹时光飞逝之余也为他感到高兴，说了许多祝福的话，又各自聊了些近况。然后我们在微信里相互道别。

无须怀疑的是，过不了几天，我们各自的聊天记录就会沉到聊天列表的最底部。而如果没人再提起，可能彼此也就不会再想起。

但就是这样一个也许几年才会联系一次的人，我却舍不得把他删去，他会安安静静地藏在我的微信里。

我们生命里的大部分时间都是平淡无奇的，做着同样重复的事情，面对着几乎不变的人群。而 Z 先生就像我漫长回忆里为数不多的着重号，为我圈点出某个时间节点，告诉我曾在那时经历了什么，甚至我能因此记起那个时间点前前后后好长一段时间里自己的生活状态。

你的微信里一定也藏了这么一个人吧？

你们萍水相逢，一面之缘，甚至都没有过多的交谈。也许彼此不知道对方的名字。他可能是你毕业旅行途中聊过天的陌生游客，可能是你第一次面试时交流过的竞争对手，也可能是失恋那晚吃路边大排档时安慰过你的食客……

你们彼此加过微信，后来却鲜少联系，各自的生活也没有什么交集。

但看到他的时候你总能想起生命中曾经有过的波澜起伏，想起曾经的欢笑和泪水，冲动和迷惘，回忆也就因而变得鲜活起来。

你怎么舍得把他删了呢？

03　不删除对方的意义

6月的时候，我去看了朴树的演唱会，那天晚上更新了自己久已不更新的朋友圈。

第二天一早，一个久违的名字给我留了言：恭喜你啊，终于见到了朴树。

是W，他是我第一次实习时带过我的师傅，比我大4岁，超有耐心。曾经一次又一次忍受着我低级的失误，并且一遍又一遍地回答我幼稚的问题。

我在那里待的时间并不长，离开之后我们断断续续地联系过几次，后来就断了联系，算算也有好几年了。但看到他名字的时候，我的思绪还是一下子被带回到那段时光，很多原本以为早已忘记的事情都一幕幕浮现出来。

这也许就是我们彼此不删除对方的意义吧！

想起作家芥川龙之介先生说过的一句话："删除我一生中的任何一个瞬间，我都不能成为今天的自己。"

04 他们在向你诉说着你的过去

生命很长，长到我们足以忘记过去。所以我们都会用各种方式来纪念自己的过往。

打开微信，拉一下你的通讯录列表，里面一定也静静地藏着这样一个人吧！

他或许是你曾经的恋人，或许是和你萍水相逢的路人，又或许是曾经对你关爱有加的前领导……你们的相处时间或长或短，你们说过的话或多或少……这些都已不再重要。

重要的是，你们都还在各自的微信通讯录里，即使你们已有几年没有联系。但只要一看到他的时候，你就能想起那些不曾遗忘的过往。

他们在向你诉说着你的过去。

总有人偷偷爱着你

* * * * * *

01　不是所有陌生人都冷漠无情

我这里的天气，总是阴雨连绵，今天却格外晴朗。

小雪节气刚过，温度依然很低。可我却被一条温暖的广告片感动了，片名叫《有人偷偷爱着你》。

六个悲伤到不行的小故事，结局却出人意料的温暖。

第一个女孩在黑夜里想到了自杀，她发帖提问：“手上的动脉在哪里？越具体越好。”

陌生的网友回答说:“别找了，我爱你。”

后来我发现，在这个问题的所有帖子下，都是这样温暖的回复。

第二个女孩半夜醉酒在路上，一个男人拍下了她的照片。她朝那人吼:“拍什么拍!”可没想到那个男人只是拍下照片告诉警察朋友,“一个醉酒女孩在路边很危险，你们快来看一下。”

第三个女孩想买一本杂志，但报亭老板看了一眼跟在她身后的小偷，故意不卖，让她赶紧走。平白无故被骂走的女孩心里一定很难受，可走远的她，一定会发现自己的包被人打开过，但好在东西没丢。

第四个边开车边接电话的中年男人，被交警拦住了。他正在发愁是不是要被开罚单，却看见交警走到他车身后，关上油箱盖，说:“油箱盖没盖上是很危险的。”

第五个外卖小哥急匆匆挤进满员的电梯里，可电梯超载，他左看右看无奈地下了电梯。眼看他手上的外卖单就快要超时了，他可能会被投诉、被罚款，一天的辛苦又白费了。可马上一位站在后排的男士打开了电梯，主动让外卖小哥先上楼，他不急，可以走楼梯。

第六个老人骑着三轮车，不小心刮到一辆汽车，他紧张地询问要赔多少钱，汽车车主说你赔得起吗？说完车主从后备厢拿起一根钢筋棍，众人以为要打起来。但他只是拿钢筋戳了一下三轮车，然后说:“扯平了……”

原本你以为，这个世界糟糕透了，每个人都在忙着自己的事，没人会在意你的感受，没人在乎你的境遇，你的苦楚不过是别人眼里的笑话。

可在这些冷漠的背后，其实还有温暖的人心。

我们相信爱，就会付出爱心，也能收获温暖。

02　所有的悲伤都能被温暖治愈

我们能给别人的温暖，不是对别人的痛苦感同身受，而是在看到别人痛苦时，能告诉她，除了痛苦之外，还有陌生人的爱心和善意在爱着她。

记得三个月前，我在网上看到这样一个故事：

一位老母亲不幸失去了唯一的儿子，她独自一人乘坐飞机去华盛顿给儿子办葬礼。

在儿子很小时，她的丈夫病逝，当时她备受打击，但还是坚持独自抚养儿子成人。儿子一直学习很好，也很懂事，母亲为此很欣慰。

但儿子在感情面前却很脆弱。他因女友坚持分手而想不开，在女友的房间自尽。那一刻，他忘记了家里还有一位老母亲。

这位悲伤的母亲在飞机上想到再也见不到儿子了，一瞬间觉得很难呼吸。她拿着呕吐袋却吐不出来，旁边的女士给她倒了一杯无糖可乐，机组乘务员听说她的故事后一直陪伴在她身边，安抚她的心情，直到她昏昏沉沉睡去。

飞机落地后，她身旁的女士轻轻拍醒她，帮她取下行李，扶她下飞机。走到舱门口时，那位乘务员递给她一张写满字的餐巾纸：

“2004 年，哥哥离我而去。直至现在，我都很伤心。我不会假装自己明白你作为母亲的感受。但我看到过我妈妈当时悲伤的样子，这种悲痛永远不会完结。我妈妈也想减少悲痛，但她现在发现，这几乎不可能，所以请不要花时间这样做。相反，你应该去做些开心的事，试着探望许久没联系的亲友，或者去旅行。这或许是你应该为自己、为儿子做的事，请不要一直给自己压力。要知道，这世界上还有很多人关心你。就算你现在感受不到，比如我，我不会忘记你，会想知道你过得如何，或者你最近怎样。你一定会变成一个坚强的人，我永远支持你。”

当时我看完这段话，眼泪没忍住流了下来。我一向害怕失去亲人，我知道那种痛苦很难忘记，所以我无法劝别人去忘记。面对失去亲人的陌生人，我想起了自己失去的人，也想起了那时站在我身边鼓励我的人。那时候，脆弱的人需要被爱温暖。

后来这位母亲在网络上和大家分享这张餐巾纸，不是为了寻找这位乘务员，而是为了告诉更多的人：一切看似末日的，终将被证明只是过程。悲痛会过去，陌生人的爱，会给你足够的温暖撑下去。

03　这世界正偷偷爱着你

生而为人，我们时常感到为难。

同学聚会，有人当上了大老板，而我还只是个工资不够养活自己的小职员；父母年纪越来越大，头发一天比一天白，我却没太多时间陪他们慢慢变老；家庭矛盾重重，孩子不听话，学习成绩不理想，丈夫不管家长里短，我的日子像是无尽的黑暗……

有时走在马路上的我，甚至想闯红灯，一了百了。

可身边会有一个路人拉住我，提醒我，现在是红灯时间。

有时出了地铁发现外面下着倾盆大雨，我手足无措，决定冲进大雨里奔跑。

这时头顶出现了一把伞，陌生人问我去哪里，顺路的话可以一起走。

……

我相信，这样的小事我们都曾遇到过。每当感觉被这个世界所抛弃时，总会有人告诉你应该站起来，微笑面对所有的难题。

这个世界没有治愈一切的良药，但有温暖身心的良药能填补空缺。

上天从未抛弃过每一个努力成长的灵魂，也不曾辜负过每一个擦肩而过的生命。所有不期而遇的温暖，悄然改变着那些看似惨淡混沌的人生。

这世界偷偷爱着你，只是你不知道而已。

愿有一人，能懂你的好

* * * * * *

01　你对他的好，都是因为你爱他

刚刚结婚的你，一夜之间，从一个连自己都照顾不好的少女变成了对他细致入微的妻子。

你害怕他不吃早饭伤脾胃，所以一大早就爬起来去楼下买好豆浆、油条；你担心他工作累，所以下班一到家就马上熬起排骨汤；你生怕冷空气让他感冒，所以提前就为他准备好了围巾、毛衣和外套……

你对他的好，都是因为你爱他，甚至超过了爱你自己。

你工作不也很累吗？你早上不是也想赖床吗？你不是也经不起风寒吗？

结婚后的你，彻底学会了为别人着想，却越来越少被人心疼。

哪有什么无坚不摧的女汉子，还不都是被生活逼得不得不坚强，还不都是因为你满心爱意，无私且伟大。

02 你的好，只有你自己知道

你对他的好，藏在一心一意为他做的小事里，还藏在任劳任怨为家庭付出的汗水里。

为了家庭，你从一个和闺密逛街吃大餐的黄花闺女变成了一个身材臃肿的隔壁阿姨。

有了孩子后的你，就像个旋转不停的陀螺，忙前忙后。明明是在家休产假，却过得比上班都累。

有多少次，你累到不想吃晚饭，他却带着满身酒气应酬回来。有多少个夜晚，你在给嗷嗷待哺的孩子喂母乳，他却睡得呼噜声震天。又有多少次，你面对婆婆的“指点”，明明委屈到不行却只能点头说好。

他常常忽略了你的好，是因为他不知道，你在他看不到的时候，究竟有多辛苦。他以为房贷他来还，经济压力在他肩膀上，你天天放假在家带孩子多舒服啊。

可你的好就在于，你为了能多赚点钱贴补家用，一休完产假就去上班了。这时的你，一边上着班，一边还要照顾着他和孩子的生活起居……

你的好，看起来都是小事，但生活本就是无数个小事共同组成的大事。

03 因为爱而对你好的男人，是因为懂你的好

你的好，你从来不会主动说。即便是偶尔抱怨几句，可在他看来，你这个女人真矫情。

我心疼这样的你，因为我也是女人。我知道每个女人一旦爱上一个人，就会掏心掏肺、为他付出一切。

而有的男人对你好，给你买礼物，是因为你对他好。真正因为爱而对你好的男人，是因为懂你的好。

不懂你的好的男人，只会用他觉得好的方式来爱你。而懂你好的男人，会用你爱的方式来爱你。

04 孤独的人都会遇见懂你的那个人

我们的一生，会遇到很多不同的人。相遇的时候，我们都不知道他到底是不是对的人。

但如果有一天，你遇到了这样的一个人：他和你在一起的时候，

能懂你的好、分享你的好、记住你的好；和你不在一起的时候，会惦记你、想念你、担心你。

那么我想告诉你：想拥抱就去拥抱吧，别浪费好不容易相遇的机会。

因为只有懂你的好，他才能给你体贴的心和舒服的爱情。

愿久别的人都能重逢，愿有情的人都会相爱，愿孤独的人都会遇见懂你的那个人。

今生，和懂你的人在一起

* * * * * *

每个人的背后，都有别人体会不到的苦楚。每个人心里，都有不可与旁人述说的难处。

有的人外表坚强乐观，她的微笑里却隐隐藏着泪水。这一路走来，我们都在找那样一个，可以说心里话，可以看懂你伪装的人。

这个人，懂你的假装强势，懂你的欲言又止，懂你笑眼里的那一点痛。

今生，如果遇到一个这般懂你的人，一定要和他在一起。一生一世，一个便足够了。

01　懂你的人，最温暖

一个懂你的人，会分享你的快乐，会分担你的痛苦。开心的时候两个人一起，快乐是成倍的；痛苦的时候两个人一块儿，悲伤会被减半。

无论你是怎样的心情，只要有人懂，就是最好的安慰。在感情里，不懂你的人，用他自己认为的方式去爱你，这样的爱，他累你也累。懂你的人，用你需要的方式来爱你，发自内心地希望他给的是你要的幸福。幸福就是有一个懂你的人，陪你过你喜欢的生活。

只有彼此真正懂得，才不会觉得你的眼泪是矫情，也不会忽略你的关心和焦急。懂你的人才会说出“别硬撑了，还有我呢”这样温暖的话。因为懂得，所以对你总是慈悲。

他会希望你就像小太阳一样，生活是充满活力的。他喜欢看到你发自内心开怀大笑的样子。他一直努力去改善你们的生活，让你感受到这世间，是温暖而美好的。

其实，懂你的人，他才是最温暖的。遇见这个温暖的人，你不用害怕失去，可以卸下伪装，做最真实的自己。

02　懂你的人，最深情

有时，我们需要的，不是有很多很多钱的男人，而是一个知道你孤单能陪伴在身边的人。

有时，我们只是希望，这个人能陪你吃一顿又一顿无聊的饭，说一堆又一堆可有可无的话。

有时候，你委屈时，失落时，甚至没有生活动力时，想要听到的不是“我爱你,我一直爱你”,而是他深情地说一句“我知道,我懂得,我明白”。

“我知道”你的委屈，所以心疼，所以我会改，会让你幸福。

“我懂得”你的孤独，所以会多和你在一起，手牵手陪伴你。

“我明白”你要的未来，那也是我们的未来，要一起努力。

“我知道，我懂得，我明白。”这是一句比“我爱你，我喜欢你”更深情的表白。

03　和懂你的人在一起

世界上能爱你的人太多，但真正懂你的人却很少。

如果遇见这个人，要好好抓住他的手，小心别错过了今生。

人生苦短，一定要和懂你的人在一起。这样的懂得，是死生契阔，与子成说，亦是执子之手，与子偕老。

图书在版编目（CIP）数据

活成自己想要的样子 / 白兰花Michelia著. —成都：天地出版社, 2018.10
ISBN 978-7-5455-3947-9

Ⅰ. ①活… Ⅱ. ①白… Ⅲ. ①女性—人生哲学—通俗读物 Ⅳ. ①B821-49

中国版本图书馆CIP数据核字（2018）第110445号

活成自己想要的样子

HUO CHENG ZIJI XIANG YAO DE YANGZI

出 品 人 杨 政
著　　者 白兰花Michelia
责任编辑 杨永龙　欧阳秀娟
装帧设计 天下书装
责任印制 葛红梅

出版发行 天地出版社
（成都市槐树街2号　邮政编码：610014）
网　　址 http://www.tiandiph.com
http://www.天地出版社.com
电子邮箱 tiandicbs@vip.163.com
经　　销 新华文轩出版传媒股份有限公司

印　　刷 河北鹏润印刷有限公司
版　　次 2018年10月第1版
印　　次 2018年10月第1次印刷
成品尺寸 145mm×210mm　1/32
印　　张 8
字　　数 180千
定　　价 45.00元
书　　号 ISBN 978-7-5455-3947-9

咨询电话：（028）87734639（总编室）
购书热线：（010）67693207（市场部）